U0020453

老屋翻修

安心寶典

[暢 銷 改 版]

漂亮家居編輯部 著

Contents

PART 1

漏水

找對源頭，老屋不再怕漏水

老屋最常見漏水、壁癌的問題，一般都是因為年久失修，地震造成窗框、外牆產生裂縫，雨水由此滲入，長期下來水氣、水泥跟空氣產生化學作用，導致漆面隆起、剝落。

另外像是頂樓、浴室防水層老化、或是受到破壞，以及管線破裂，也都是造成室內漏水的原因。

翻修時一定要找出漏水源頭，拆除有問題的牆面、地面，同時切記必須打除至見紅磚面，才能重新施作防水層，否則漏水問題會一再發生、無法根治！

1 窗戶漏水

窗戶漏水的原因可能受到地震、颱風及大雨侵襲，或者屋齡老舊、安裝不當造成，窗戶漏水如果沒有妥善處理，時間一久，周圍牆面會因為長期被水浸潤而產生壁癌，嚴重的話水會沿著裂縫往下流，連木地板也會連帶潮濕發霉。處理窗戶漏水要先判斷真正原因，檢查窗戶本身及窗框與牆面之間是否有滲水，才能用正確的方式有效處理。

☹ 地雷1 窗框縫隙填縫不確實

窗框填縫不實的原因有可能是填縫前周圍的雜物沒清除，像是暫時調整窗框水平的木塊墊料會腐蝕形成漏水空洞，或者灌水泥砂漿時貪快，沒有等水泥砂漿下沉後再繼續打入，這樣容易打的不夠密實；若是水泥砂漿打太多，等水泥乾硬後便會因為膨脹壓窗框而變形，因此要特別注易塞水路的程序。

窗框雖填滿矽利康，但因塞水路做不確實，還是會導致滲水日久引發壁癌。攝影 _ 余佩樺

✚ 危機解除這樣做！

1. 用水泥砂漿重新填補窗邊縫隙

窗框因為填縫不實而滲水，必須要重新補實水路才能解決問題，首先要敲除窗框邊緣的部分水泥區塊，然後清除窗框周圍的雜物，再打入水泥砂漿填補縫隙，接著再補上矽利康加強防水，才能確實填補窗框縫隙防堵水源。

（左）塞水路時水泥砂漿要從窗框四角開始注入。圖片提供 _ 今硯室內設計 & 今采室內裝修工程
（右）灌注水泥砂漿時要等下沉一陣子後再持續打入才能打的密實。圖片提供 _ 今硯室內設計 & 今采室內裝修工程

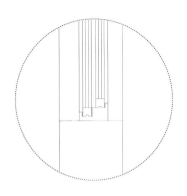

😵 地雷 2 窗台洩水坡不夠

如果每次下雨水只集中在窗戶下緣，其他地方沒有狀況，就有可能是外側窗台洩水坡度不夠，使雨水積聚到一定程度後流入室內；有些老屋是安裝早期舊型鋁窗，窗框下緣沒有高低差設計，遇到大雨水也會累積在窗台排不出去，造成窗戶漏水。

當窗台洩水坡過於水平，雨水就容易積在邊下緣，長久下來形成漏水。圖片提供 _ 今硯室內設計＆今采室內裝修工程

➕ 危機解除這樣做！

1. 窗台施作出足夠的洩水坡度

過於水平的窗台容易使雨水積蓄，窗台外緣要重新施作向洩水坡，坡度要向外傾斜才能幫助導水，使雨水不會停留在窗台。若是沒有高底差設計的老式窗框，只要窗體和牆壁之間沒有裂縫及漏水現象，可以直接用套窗方式解決。

2. 內退牆面外緣安裝窗戶

早期鋁製窗框是中空管設計，雨水很容易沿著外牆磁磚流進窗框內，導致窗戶下方跟著積水，因此，建議架設新窗框時可以稍微往內退約 5 公分以上，減少雨水順勢從外牆流入室內的機會。在架設窗框前可以先確認窗台深度，並注意新窗框的深度後，才可以調整窗戶安裝的位置。

3. 老式窗框可直接套新窗

若是窗戶本身與牆面結構仍緊密，沒有裂縫和漏水現象，才可以選擇套窗方式解決，要注意的是，套窗要將原本窗戶歪斜部分修正，以最低點為基準重新抓垂直水平，這樣會使窗框加寬變厚，窗戶的可視面積也會相對減少。

窗台外緣要確實施作向外傾斜的洩水坡度導引雨水。圖片提供 _ 今硯室內設計＆今采室內裝修工程

安裝新窗框時，不要貼齊牆面稍微往內退，減少雨水沿外牆流入室內。圖片提供 _ 今硯室內設計＆今采室內裝修工程

用套窗方式換新窗，要先評估舊窗本身有無漏水問題才可施作，安裝後窗框厚度變寬，會縮減從玻璃看出去的風景。圖片提供 _ 今硯室內設計＆今采室內裝修工程

😖 地雷 3
窗戶周圍矽利康老化失效

矽利康有使用年限，一般來說窗框填完水泥砂漿後，再填補砂利康防水，但矽利康若老化，水氣就有可能從縫隙進入室內；若是發現窗框和玻璃之間漏水，也有可能是玻璃周圍的矽利康老化脫落，水氣就有可能從縫隙進入室內。

若是鋁窗外側的矽利康老化，就有可能使雨水從窗框周圍滲入造成漏水。圖片提供 _ 今硯室內設計＆今采室內裝修工程

 ## 危機解除這樣做！

1. 清除老化矽利康重新施作

若是矽利康老化造成漏水，要先清除內外舊有矽利康再重施打，要注意的是，填補窗周圍水泥砂漿時，外框和牆面結構之間須刮出 1 公分深度的水泥溝槽，矽利康打在溝槽才能與外框緊密結合，不容易脫落。

塞完水路後窗戶外框和牆面結構之間要刮出約 1 公分深的水泥溝槽，之後打矽利康才不容易脫落。圖片提供 _ 今硯室內設計＆今采室內裝修工程

老屋屋況老舊，可能因過去地震關係出現裂縫，導致窗框附近出現漏水。圖片提供＿今硯室內設計＆今采室內裝修工程

☹ 地雷 4
地震使窗戶周圍牆面產生裂縫

由於台灣大小地震多，窗戶結構可能受到地震拉扯使窗戶周圍牆面震出裂縫，導致雨水容易從變形窗戶的縫隙或者裂紋中滲入，使牆面出現潮濕滲水的現象，久了以後就會產生壁癌，要解決窗戶周圍漏水問題，要因應不同牆面材質來補救。

✚ 危機解除這樣做！

1. RC 結構以打針填補裂縫

若房屋是 RC 結構，可使用「打針」方法處理，就是利用高壓灌注將發泡劑打入牆壁裂縫中，以防堵的方式阻擋外來雨水，打針方法施工較容易，能快速阻絕漏水，但因為外牆裂縫問題仍沒有解決，以後有可能因為地震再度滲水。

打針利用壓力將止漏材注入室內裂縫，達到防堵水源的效果。圖片提供＿今硯室內設計＆今采室內裝修工程

2. 磚牆結構要重做防水

若老屋是磚牆結構，因為磚牆不像混凝土牆面那麼密實，磚與磚之間有縫隙，不適合用打針方式處理，否則發泡劑會隨著縫隙流到牆內其他區域，因此建議拆窗安裝新窗，並重新施作防水；要留意的是，打除窗框內角時，打除範圍要往外多打一些，之後以水泥砂漿上粗胚後才可以有效防堵滲漏水問題。

安裝新窗框時牆面打鑿的範圍要稍微大一點，待混凝土打底後可以使窗框更穩固。圖片提供＿今硯室內設計＆今采室內裝修工程

😖 地雷 5
窗戶鋁料因外力變形

老屋可能因為窗戶老舊年久失修，或者因鋼筋受潮爆筋擠壓到窗框導致變形，因而窗框周圍產生縫隙，雨水有可能從變形處的縫隙流入室內，解決方法可依窗框變形嚴重呈度來決定。

窗戶鋼筋受潮生鏽產生爆筋，把水泥撐開而擠壓到下方窗框導致變形。圖片提供 _ 今硯室內設計＆今采室內裝修工程

➕ 危機解除這樣做！

1. 只要變形就要拆窗重換

如果窗框變形很嚴重，窗戶與牆面結構有明顯縫隙，就很難用套窗或灌發泡劑等補救方式解決，建議必須重新更換新窗戶，才能徹底解決漏水問題。

窗框因爆筋或任何外力而變形就要更換新窗，以防之後發生漏水情形。圖片提供 _ 今硯室內設計＆今采室內裝修工程

冷氣機比窗孔小，周圍只能用
臨時性材料填補，防水性能堪
慮。圖片提供_許嘉芬

☹ 地雷 6 窗型冷氣孔漏水

老公寓、華廈預先開的冷氣窗孔通常比較大，並不一定符合每種
機型的窗型冷氣尺寸，安裝冷氣後周圍縫隙會用壓克力板、厚珍
珠板，加上膠布或者用矽利康填滿，但無法有效阻擋雨水侵襲，
當大雨颱風來襲時仍很容易從周圍滲水。

危機解除這樣做！

1. 封閉原有窗孔改用分離式冷氣

分離式冷氣目前已經是市場主流，因此要徹底決解窗型
冷氣周圍漏水問題，將原本冷氣窗孔以玻璃加矽酸鈣板
封閉，同時能避免冷凝水的狀況，再包木板修飾成牆面，
然後改安裝分離式冷氣，並依各廠牌機型正確施工，才
能有效避免漏水。

分離式冷氣必須依照正確施
工，才能有效避免漏水。圖
片提供 _ 今硯室內設計＆今
采室內裝修工程

▶▶ 門窗漏水原因和解決方法

原因	解決
矽利康老化脫落或龜裂	重新填補矽利康，加強窗框四周的防水。
門窗外側沒有做滴水線，雨水往內迴流	窗台兩側施作導角，且突出牆面，防止汙水回流，雨水就不會累積在窗框外側。
門窗的氣密性不足，強風大雨容易透過縫隙鑽入室內	有可能是窗戶本身的水密性不佳，建議重新更換門窗，另外也有一種可能是窗緣的水路沒有確實填滿，可從裂縫處灌入發泡劑。

2 屋頂漏水

老屋頂樓常因為年久失修,使防水層失效、產生裂縫,或者洩水坡度沒做好,積聚雨水在凹陷處破壞防水層,在頂樓栽種植物的根系也有可能穿透防水層及水泥牆,堵住排水孔,這些原因都會使屋頂排水不良造成漏水。處理頂樓天花板漏水較積極的作法是同時使用正、負水壓工法,也就是屋頂防水及室內天花板堵水,這樣才能解決漏水。

😖 地雷 1 防水層受天候因素破壞

屋頂防水層有使用年限,老屋頂樓容易因為長期受到太陽曝曬雨淋等各種天候因素,使原有防水層、結構層及水管老化,使防水層保護強度降低;建築也常面臨地震劇烈搖晃或者颱風強大雨侵襲,這些難以預防的天災,都會造成防水層受損形成裂縫,使雨水有機會從外牆縫細向下滲入。

老屋屋頂容易因為天候侵襲年久失修使防水失效。圖片提供＿今硯室內設計＆今采室內裝修工程

🧑‍⚕️ 危機解除這樣做!

1. 重新施作屋頂防水工程

一旦屋頂防水失效,一定要以正確的工法重新施作防水,要注意的是,在施作防水前,為確保防水層與底層緊密接著,一定要先整理素地,打除表面後填補裂縫,再用高壓水刀清洗,務必將施作面仔細整理乾淨;施工區域若有坑洞也要進行修補整平,然後再開始進行防水施作工程,並且除地面外,與地面連接的牆面也要施作。

(左)素地整理是施作防水工程中最重要的基礎步驟之一,要打除表面至結構體,整平地面突起物、坑洞及填補裂縫,最後仔細清洗打掃,將灰塵減到最少。(右)施作防水待底漆乾燥後,塗佈防水 PU 中塗材或加鋪一層玻璃纖維網加強防水材的韌性,提高防水的效力。圖片提供＿今硯室內設計＆今采室內裝修工程

😖 地雷 2 頂樓植栽破壞結構

有些老屋在裂縫漏水處長出植物，或者住戶會直接在頂樓栽種植物，尤其一些木本植物像是榕樹根系特別發達，時間一久不但穿透防水層甚至水泥牆，有些甚至往排管生長，同時也會衍生出落葉堵塞阻塞排水孔，使雨水無法順利排除，從樓板裂縫向下滲入造成下方樓層漏水。

通風管道基座及地面有漏水狀況而長出植物破壞防水。圖片提供＿今硯室內設計＆今采室內裝修工程

➕ 危機解除這樣做！

1. 徹底清除植物重新做防水

如果確定頂樓漏水原因是植物根部穿透防水層造成，一定要先移除植栽，或者以藥劑徹底清除植物，再重新施作防水工程，若是排水口被植物根部嚴重堵塞難以清除，建議重新開孔拉一條新排水管，才可以使排水順暢。

在施作屋頂防水前，一定要在素地整理時完全清除植物根部，以免之後植物再度生長破壞防水層。圖片提供＿今硯室內設計＆今采室內裝修工程

☹ 地雷 3
洩水坡度不足

為使屋頂排水順暢，屋頂地面至排水孔要有一定的傾斜坡度，屋頂若是洩水坡度不足或是地面沒順平，都有可能使雨水積聚在某個固定區域，沒辦法順利排出，防水層因長期被雨水浸潤而失效。

只要屋頂有長菁苔或者植物，表示屋頂防水已經失效有積水現象。圖片提供 _ 今硯室內設計&今采室內裝修工程

 危機解除這樣做！

1. 重新施作洩水坡度

由於屋頂範圍廣，重新施作洩水坡會增加樓板承重，因此安全的做法就是要先做素地整理，打除地面至結構層再做洩水坡。重新施作屋頂洩水坡，同樣要以排水口為最低點才能導引排水，可以用水平尺測量坡度，並在做完防水層後，貼磚之前就先試水，才能檢查出是否有徹底做好防水。

施作洩水坡要以排水口為最低點引導水排出，做完防水層後，貼磚之前就要先做試水動作。圖片提供 _ 今硯室內設計&今采室內裝修工程

▶ ▷ 屋頂防水工法種類

原因	解決
瀝青防水	使用人造瀝青材料來做防水層，即一般稱呼的油毛氈類工法。
薄片防水	使用合成橡膠、合成塑膠等薄片材料，以底油、黏著劑裱貼形成防水層的
塗膜防水	使用一劑型或二劑型液態的防水材料，塗抹並裱貼合成纖維不織布等補強抗張力。
水泥防水	水泥砂漿摻入防水劑，或將水泥混合高分子聚合物，透過材料的化學作用來改善水泥漿體的物理性，達到防水功能。其它尚有水密性混凝土、填縫劑、止水帶等作法。防水的工法、材料不斷推陳出新，很難一一比較優缺點。選擇時，須由建築師或專業廠商，依個別案例的屋頂形式、用途、有無後續施工、基地所在環境等等來綜合評估。
改質瀝青防水毯	主要由改質瀝青經過高壓處理，並於內部搭配一層防水不織布的防水材料，外觀就如同地毯般，相較於以往的油毛氈，具有更強的拉抗力、高彈性以及抗老化的效果，不太會因為地震或是熱脹冷縮的拉扯造成破裂。

▶ ▷ 屋頂防水施工細節

1　拆除時一定要打除見底，還原至屋頂原始結構體。

2　落水頭必須與結構體切齊，且防水必須延伸至排水管內。

3　女兒牆離地 30 公分以下也都要塗佈防水。

4　屋頂角落建議鋪設玻璃纖維網，避免日後地震造成龜裂。

5　防水施作後須進行 5 天左右的試水。

3 外牆漏水

建築物經過積年累月的風吹日曬雨淋，或者是受到地震搖晃拉扯，免不了造成外牆裂縫或磁磚脫落，使外牆防水效果減低，雨水因此滲入室內造成漏水的狀況，時間一久就產生惱人的壁癌；外牆一旦發生漏水影響的範圍和層面相當大，一定要正確導水才能有效解決問題。

☺ 地雷 1 防水層年久老化

外牆防水層有使用年限，老屋因長期受到陽光曝曬雨淋，颱風連續強大雨等各種天候因素，使原有防水層、結構層及水管等老化，磁磚脫落等狀況，保護強度降低，因而造成牆面滲漏。

老屋外牆因磁磚脫落使結構層曝露，造成雨水從外面滲入造成漏水。圖片提供 _ 今硯室內設計＆今采室內裝修工程

⚕ 危機解除這樣做！

1. 內外牆都施作防水

若是外牆磁磚剝落防水嚴重受損，就要重新施作防水，最好的作法是內外牆面都要重新施作，而且要連整棟樓層的外牆也一起整修，才能一勞永逸。但這樣的工程多半耗時費力，費用也較高，因此多半著室內重做防水就好。

內外牆面全面施作防水工程，加上重新設置排水管，徹底解決漏水問題。圖片提供 _ 今硯室內設計＆今采室內裝修工程

外牆磁磚一旦老化失修，雨水就容易滲入，久而久之就形成壁癌。
攝影 _ 蔡竺玲

☺ 地雷 2
颱風、地震結構受損

建築常面臨地震劇烈搖晃或者颱風連續強大雨，使結構受損形成外牆、女兒牆周邊產生裂縫，雨水有機會從外牆縫細向內滲入，內牆牆因此容易形成壁癌。

✚ 危機解除這樣做！

1. 堵水式工法從內牆填補（RC 結構外牆）

在 RC 結構外牆施作不易的情況下，直接從室內一側的 RC 牆面針對裂縫打針堵水。以高壓灌注機在漏水裂縫注入防水發泡劑，防止外來雨滲入室內，漏水裂縫打針完畢，待防水發泡劑接觸空氣硬化後，等待下雨天時仔細確認施作部位是否仍有滲水現象。

利用打針填塞滲透等方法與縫隙結合，以防堵外來水進入，但無法阻斷滲漏水源頭，往後較有可能再次發生漏水的狀況。圖片提供 _ 今硯室內設計＆今采室內裝修工程

2. 鑿開漏水區域牆面施做防水（紅磚結構外牆）

如果是紅磚結構牆面，就要針對漏水部位的室內牆面加強防水，鑿開漏水區域的室內牆面至結構層，先塗上加入防水劑的水泥砂漿填補縫隙，初步隔絕外來雨水滲入的機會，再塗抹稀釋後的彈泥防水塗料，強化壁面防水的效果，之後再以水泥砂漿粉刷打底及粉光表面，待乾燥後就依設計需求上漆。

（上）外牆問題引起的壁癌，處理漏水問題後再進行後續的防水工作，要鑿開室內牆面的漏水區域至結構層，鑿面盡量擴大加強防水處理的範圍。圖片提供 _ 今硯室內設計＆今采室內裝修工程
（下）在漏水壁面塗上加入防水劑的水泥砂漿填補縫隙，初步隔絕外來水滲入，再塗抹稀釋後的彈泥，加強壁面防水的效果。圖片提供 _ 今硯室內設計＆今采室內裝修工程

4 天花板漏水

如果是頂樓天花板漏水，大部分來自屋頂防水出現問題、排水不良，使雨水從裂縫而滲入天花板，若是非頂樓天花板漏水，可能是上方樓層的衛浴浴缸漏水、廚房衛浴，或者老屋陽台外推區域排水管線出現問題，天花板漏水從這幾方面檢查，較能找出漏水原因。

😣 地雷 1 屋頂防水排水有問題

老屋屋頂如果沒有定期維護，不但防水失效也會有裂縫產生，雨水就會滲入樓板或者順著裂縫向下流，使下方樓層的天花板漏水，裂縫最常發生的位置大部分在女兒牆下緣與樓板交接處、通風管道基座周圍及水塔下方；而洩水坡度沒做好或排水孔堵塞，則會使雨水無法順利排除，因為雨水長期積蓄，也會使防水效果變差。

通風基座、隔熱磚或者女兒牆下緣與樓板交接處都是造成老屋屋頂漏水的地方。圖片提供 _ 今硯室內設計＆今采室內裝修工程

⚕ 危機解除這樣做！

1. 屋頂重新施作防水

處理屋頂造成的天花板漏水較積極的作法是，同時使用正水壓及負水壓工法，就是一方面屋頂重新施作防水以阻絕外來水分進入，同時也從室內堵水阻擋外來雨水，這樣才能達到一勞永逸的目的。

天花板漏水建議屋頂連同牆面都要重新施作防水，從外阻絕漏水源頭。圖片提供 _ 今硯室內設計＆今采室內裝修工程

浴缸與牆面周圍因接縫處因矽利康老化龜裂，裂縫而滲水到底部，是最容易造成樓下天花板漏水的地方之一。圖片提供＿今硯室內設計＆今采室內裝修工程

😖 地雷 2
樓上衛浴漏水

浴缸是廁所容易發生漏水的地方，若衛浴格局沒有變更過，整棟樓的位置大多是相同的，因此若樓下的衛浴天花板有漏水的情況，多半是樓上的衛浴出現問題。一般來說，浴缸和排水孔是廁所容易發生漏水的地方。像是浴缸與牆面接縫處，收邊的矽利康或水泥會因為濕氣脫開，洗澡水就從縫隙流入浴缸下方，若再加上洩水坡度沒做好使水積聚，若加上洩水坡度沒做好會使水積聚，防水層長期受到浸潤而失效，使樓板漏水到下方樓層。

🧑‍⚕️ 危機解除這樣做！

1. 拆除浴缸重新施作防水

浴缸造成樓板漏，就要拆除浴缸重新施作防水層。安裝浴缸的位置做好洩水坡，並在陰角加上不織布加強防水；浴缸排水管套入地排時，要注意浴缸排水管要調整好位置，才能讓水順利排出。

浴缸外層粗胚打底後，防水層從外側延續到地面有效好的防水效果。圖片提供＿今硯室內設計＆今采室內裝修工程

😵 地雷 3 排水管沒接好或破裂

大部分老屋的排水管都是埋在地面，因此如果非頂樓天花板發生漏水，可能是上方樓層管線破裂，或者水管相接處鬆脫滲水積水在樓板，另外，廁所排水口也是浴室最常發生漏水的地方，排水口與水泥砂漿脫離，水也從周圍滲入造成天花板狀況。

老屋排水管可能因為老舊破裂，或受地震等外力而鬆脫造成漏水原因。圖片提供 _ 今硯室內設計＆今采室內裝修工程

🧑‍⚕️ 危機解除這樣做！

1. 重新配置排水管

以居住安全考量，一般來說，會建議老屋鑿開地面全室管線重新更換，因為水管使用久了以後，會有老化破裂的疑慮，在轉彎處也容易積聚髒污。要注意的是，廚房水槽的排水管通常和地板排水管匯集同一條污水排水管，若是接地板排水管時建議「逆接」，就是刻意將地板排水管朝逆水流的方式銜接，可以預防污水迴流。

廚房地板排水管以逆水流方向銜接，排水較不會回流到地板排水口。圖片提供 _ 今硯室內設計＆今采室內裝修工程

😖 地雷 4
陽台排水堵塞或排水沒做好

陽台外推是老屋常見情形，若是陽台區域底部排水管沒做好，頂樓下來的水可能無法排出去，在外推區域的地面滲出水來；另一種狀況是，樓上陽台沒外推但地排有問題或者女兒牆有裂縫，導致下方外推陽台區域的天花板漏水。

外推陽台可能因為樓上牆面有裂縫或地排沒做好而使樓下天花板及牆面漏水。圖片提供 _ 今硯室內設計＆今采室內裝修工程

 危機解除這樣做！

陽台位置地排問題，容易造成樓下天花板漏水，要重新施作防水再進行後續鋪磚工程。圖片提供 _ 今硯室內設計＆今采室內裝修工程

1. 重新安裝地排

若是外推陽台排水沒做好，必需敲開地板把地板排水管孔堵好；陽台外推的女兒牆要做好防水，上彈泥效果比較好也可以塗防水漆，或者打掉原有水泥表層到見底，重新上內含防水劑的水泥砂漿，之後可不必再上彈泥。

安裝冷媒管和排水管，排水管要拉出足夠
的洩水坡度。圖片提供＿	芎硯室內設計＆
今采室內裝修工程

☺ 地雷 5
空調排水管洩水坡度沒做好

空調有冷媒管和排水管，排水管主要的功能就是排除
冷氣運轉後所產生的水，因此排水管必須做出洩水坡
度，讓水能夠順利排出，否則水積在管內使得排水管
和冷氣機接頭承受不住而漏水，排水管將水分排出於
設備時，會讓排水管的溫度較低，有可能會發生冷凝
現象而持續滴水在天花上。吊隱式冷氣的集水盤若積
水也會滲漏，這些都會造成天花板漏水。

✚ 危機解除這樣做！

1. 安裝要試水確認排水順利

安裝空調管線安裝完一定要試水，確認管線是否有順利排水，以灌水方式測試洩
水坡度，注入水約 1 ～ 2 分鐘後，沿線查看管線排水是否順利。另外要注意排水
管和空調交接處要鎖緊，才能避免漏水發生。除了可在排水管直接倒入水測試外，
清潔完至少開機運轉 4 ～ 8 小時才能確認有無問題。

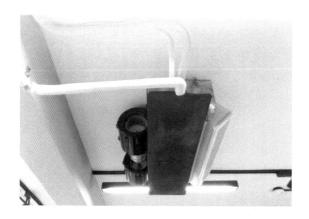

試水時要留意排水管和冷氣機
的交接處有無漏水的情形。圖
片提供＿芎硯室內設計＆今采
室內裝修工程

2. 排水管包覆保溫材

冷媒管與空氣進行熱交換時，空氣中的水分在蒸發器的表面會凝結成水珠，當排水管將水分排出時，冷水會讓排水管溫度降低，因此可能會發生冷凝現象而滴水在天花板上，因此建議冷煤管和排水管都要包覆保溫材。

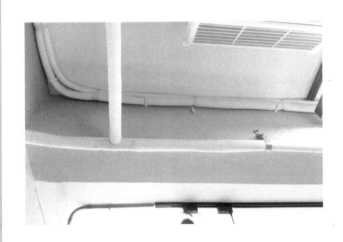

排水管的冷凝現象會使天花板漏水，建議包覆保溫材來預防。圖片提供_今硯室內設計&今采室內裝修工程

▶ ▶ 天花板防水施工細節

1　施作天花板漏水前，要先找出真正的漏水源頭。

2　樓上浴缸漏水要重新安裝浴缸，浴缸位置底部一定要做洩水坡。

3　外推陽台漏水的地板和牆面都要重新上彈泥或防水漆施作防水。

4　安裝空調時排水管一定要做出坡度，才不會使水積在管內。

5　空調安裝完畢後，要做試水動作，確認管線與機體是否接好，排水是否順利。

6　排水管也要套上保溫材，避免冷凝水從天花滴落。

5 地板漏水

衛浴、廚房等都是常見地板漏水地點，原因可能是埋在地面的給水管或排水管一開始沒鋪好，也可能因為管線老舊或受外力傷害而破裂。其中衛浴若洩水坡度沒做好使水流出門口，或者從門檻下方滲到室外地板，因此門檻或地面洩水坡度是衛浴施作重點之一。

☹ 地雷 1 衛浴門檻和地面沒做好

衛浴地板會有惱人的積水，使衛浴潮濕不清爽，最大的原因是洩水坡度沒做好，導致水積聚在低凹處。除了要做好洩水坡度之外，門檻也是施作衛浴的重點，漏水常發生在門檻與地板交界處，因此要注意不同材質地板與門檻交接的做法，以免水淹過門檻或滲入地板。衛浴木作門框下緣也容易受潮腐蝕，因此施作時必須事前做好防範。

衛浴地板洩水坡度不足或門檻施作不當，都會使水滲出造成木地板曲翹腐朽。圖片提供 _ 今硯室內設計 & 今采室內裝修工程

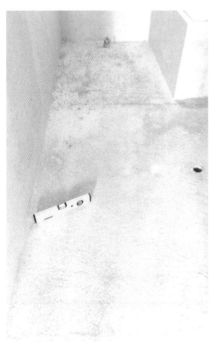

衛浴洩水坡度要以排水口為最低點，從牆面四周圍傾斜，施作完可以用水平尺測量坡度。圖片提供＿今硯室內設計＆今采室內裝修工程

衛浴地面以混凝土施作坡度時，越往門口斜度要拉高，預防水溢出門檻。圖片提供＿今硯室內設計＆今采室內裝修工程

1. 衛浴牆面邊緣做角度

在施作衛浴地板時，以排水孔為最低點，請泥作師傅抓好洩水坡度導引排水。越靠近門檻時，地面坡度要順勢向上高起，導引水流往排水孔方向，減少水溢到衛浴外面的機會。地面塗水泥砂漿時，接近牆角邊緣弧度可以拉高一點再順下來，使邊角較不容易存水，是更仔細的做法。

2. 門口加做水泥墩

衛浴門口處加做水泥墩，可以防堵水向外溢出。而因應衛浴外相接地板材質，有不同的加強防水做法；如果室外鋪設拋光石英磚或大理石，為避免底層水泥吸水，需施作水泥墩堵水，若是鋪設磁磚，則在門口處以水泥砂漿拉高些許弧度即可。室外鋪木地板則建議做ㄇ字型門檻，較能避免水氣經由水泥墩散至木地板。

衛浴門口要加做水泥墩，可以避免水流到室內。圖片提供 _ 今硯室內設計 & 今采室內裝修工程

3. 截短下方門框修復損壞部分

假使衛浴門框已經受潮腐爛，一般來說全部更新時勢必需經過拆除、泥作的修補，整修的花費相對較高。若損壞情況較輕微的話，可截短下方門框後，再塞入新門檻來截斷水路，可以節省預算。

可以將損壞的門框下緣截短，再塞入門檻是較簡便的修復方式。圖片提供 _ 今硯室內設計 & 今采室內裝修工程

安裝木地板時可能因為下釘而打破水管使地板漏水。圖片提供 _ 今硯室內設計＆今采室內裝修工程

😖 地雷 2
安裝設備打破水管

打破水管在現場施工來說是很常發生的事，尤其安裝木地板或是安裝洗手檯等衛浴設備時，往往會因為下釘或是鑽洞的動作，不小心打到水管而漏水，不僅讓裝好的泡湯了，又必須多花一段時間善後。

危機解除這樣做！

1. 施工前提供管線路徑圖來比對

一般施工前設計師會先提供記錄管線的圖面，或是水電師傅事前做好標記，方便後續工程的施工，以免誤打破水管。因為在安裝廚衛設備時會在牆面鑽孔，而木地板則是會下釘，因此在施工前提供照片記錄或圖面，能避免事後打到水管造成漏水。

在鋪水泥砂漿之前，可以要求水電師傅先用束帶纏繞管線做出路徑的記號，提醒後續施工者小心注意。圖片提供 _ 今硯室內設計＆今采室內裝修工程

▶▶ 地板防水施工細節

1　施作衛浴地板洩水坡，要由四周邊緣朝排水孔做出坡度。

2　在粗胚打底時施作洩水坡，並在上防水層之前就要先測好坡度是否足夠。

3　衛浴進行到泥作工程時，門口要做出門檻高度。

4　衛浴地板施作防水時，防水塗料在排水孔周圍外與管線內壁也要塗抹。

5　選擇尺寸較小的磁磚鋪設衛浴地板，較容易抓出洩水坡。

6 **室內牆面漏水**

室內牆面漏水可能是外牆結構體有狀況，因地震等外力出現裂縫使防水失效，導致水源由外滲入到室內，其他像是埋在牆壁的管線破裂、衛浴防水出現問題，或者房屋位處潮濕地區，也是會使牆面吸收過多水分，時間一久，牆壁因長期含水與水泥產生化學變化，形成所謂的「壁癌」，不但使油漆浮起剝落看起來不美觀之外，也會讓混凝土強度降低。

🙁 地雷 1 衛浴防水發生問題

由於衛浴是居家最常用水的地方，緊鄰衛浴的隔間牆，是室內牆面常發生漏水的位置，若是牆面摸起來有潮濕的感覺，大部分是淋浴間壁面防水沒做好，當洗澡熱水的水蒸氣會向上竄升，上方牆壁因此受潮，或浴缸本身漏水及底部沒做洩水坡，使濕氣水份被牆面吸收造成漏水。

衛浴牆面防水沒做好，或者浴缸有漏水情形，都會因牆壁的虹吸作用，使隔間牆潮濕產生壁癌。圖片提供＿今硯室內設計＆今采室內裝修工程

🧑‍⚕️ 危機解除這樣做！

1. 拆除舊浴缸重新安裝

一旦發現是浴缸造成牆壁漏水，建議最好全部打除重做，才能徹底解決漏水問題。重新安裝浴缸時除了安裝位置地面要注意做好洩水坡度及防水層外，在以紅磚砌完浴缸固定基座後，要清理內部水泥砂塊，才不會堵住排水口。

安裝浴缸位置不但要做洩水坡，排水管也要套好地排，使排水順暢減少底部積水的機會。圖片提供＿今硯室內設計＆今采室內裝修工程

2. 擴大牆面防水範圍

施作淋浴間或浴缸區牆面防水可以擴大範圍，建議拉高防水層從地板塗到天花板之上，例如天花板後高度為 2 米，防水層可以向上塗到 2 米 1 以上，可預防向上竄升的水蒸氣滲透到牆面內。

淋浴間、浴缸衛等常接觸到水的地方，牆面防水劑塗抹最好超過天花板高度。圖片提供 _ 今硯室內設計 & 今采室內裝修工程

3. 做好室內除濕

若是因為房屋位處山區、河邊等較潮濕的地方，由於是大環境造成的潮濕問題，除了要全面做好防水之外，平時內部要保持通風，並常開除濕機，降低濕氣的積聚。

位於山邊的中古屋住宅翻修，特別選擇具有除濕功能的空調，好讓室內維持在一定的濕度。攝影 _ 沈仲達

▶▶ 室內牆面防水施工細節

1　粗胚打底後要先塗稀釋彈泥滲入牆內。

2　至少塗佈 2 層防水劑，防水效果較好。

3　淋浴間防水層塗抹範圍要擴大至天花板上方。

4　在容易積水的陰角加不織布（玻璃纖維），強化防水效果。

5　安裝浴缸的位置也要向排水孔方向做洩水坡度再塗防水層。

6　浴缸四周和牆面交接處要以水泥砂漿向外拉出坡度，避免積水透到牆壁內。

漏水修復大不同

街屋的特色是，都會有提供行人避雨騎樓，門或窗會沿街道方向開設，而垂直街道方向的牆與鄰戶之間共用，由於戶戶相鄰，結構管道也都相互牽連，一但其中一戶因管線或屋頂有漏水，就會牽連到樓下或隔壁住戶，修繕起來比較麻煩。透天厝則為獨棟住宅，一般來說有漏水狀況，都是本身建築結構或管線問題，只要找到漏水問題，用正確方法施作通常可以解決。

差別 1.

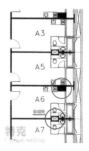

💔 管道間共用管線漏水漏到我家

街屋建物左右緊鄰，缺點不但僅有前後 2 面採光，而且公共管道間通常相通共用，因此只要某一層樓管線老舊破裂出現問題，漏水狀況就會從牽連到隔壁或樓下磚造牆壁；而透天厝為獨棟住宅，管線皆自行獨立漏水就不會有這樣的情形。

圖片提供 _ 今硯室內設計＆今采室內裝修工程

解決方法

找出漏水源頭修繕管線

街屋發現漏水原因是公共管道間的問題，找出真正漏水樓層的管線重新修理更換，才是徹底解決的方法，否則只是單一樓層止漏堵水，漏水很可能會往有裂縫的地方或其他樓層流竄。

造成管道間漏水的原因有很多，包括頂樓管道間通風口進水或基座有裂縫，給水排水管破裂等，由於管線相通就會影響到下方樓層。

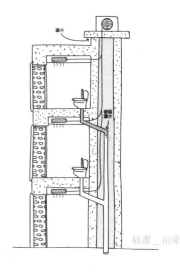

插畫 _ 俞豪

差別 2.

因為管道相連，只要是上方任一
樓層管線有問題，就有可能牽連
到樓下天花板，產生嚴重的漏水
現象。

💔 左右戶衛浴相併
2 戶一起漏水

建物左右相鄰是街屋的特色，為了方便給水、排水
管路的配置，左右戶衛浴一般來說會相併，因為只
有一牆之隔，因此只要其中一戶衛浴發生漏水，就
很有可能連帶影響到隔壁。

圖片提供 _ 今硯室內設計＆今采室內裝修工程

解決方法

2 戶衛浴同時重新施作防水

早期街屋大部分為磚造結構，街屋衛浴發生漏水情形，最好
的方法就是先處理漏水戶的問題，然後左右 2 戶牆面都重新
施作防水，將漏水區域的室內牆面至打鑿至結構層，先塗上
加入防水劑的水泥砂漿填補縫隙，再塗抹稀釋後的彈泥防水
塗料加強壁面防水，然後以 1:3 水泥砂漿粉刷打底，最後再貼
磁磚完成。

磚造老屋漏有漏水情形，內部牆
面要至打鑿至結構層，並重新安
排管線並施作防水。圖片提供 _
優尼客設計

層層包覆止漏、
每個樓層鋪設防水，
壁癌漏水都有解

HOME DATA
建築形式：公寓
屋齡：45 年
坪數：46 坪
（不含陽台）

自爺爺奶奶繼承充滿回憶的老家，由於老房子從未整修過，水管破裂、屋頂外牆的防水也早已失去年效，造成室內天花、牆面多處漏水，經過設計師多重的防水修復、重配不鏽鋼管線，甚至每個樓層地板也全做防水工程，徹底解決惱人的漏水。

改造前漏水問題

1. 年久失修，牆面天花處處剝皮

屬於早期連棟式的老街屋住宅，45 年的屋齡從未整修過，全室採光不佳且漏水問題嚴重，2 樓走道、3 樓書房等多處都是斑駁不堪的壁癌。

整棟室內牆面、天花到處可見剝皮脫落的壁癌。圖片提供 _ 力口建築

2. 鐵皮加蓋交界矽利康老化漏水

老舊的鐵皮加蓋也是另一個漏水點，除了屋頂前側已廢除的舊有屋頂排水孔之外，加蓋的鐵皮屋與隔壁連棟的鄰房交界處，因為當時有鑽牆打矽利康，時間久了老化產生滲水的問題。

漏水問題層出不窮，鐵皮加蓋和鄰棟之間的銜接處也是必須止水的地方。圖片提供 _ 力口建築

解決 1

圖片提供 _ 力口建築

工程手法 ✎

不鏽鋼管替換改善漏水

室內冷熱水管全部選擇配置不鏽鋼材質，改善管線漏水的問題，壁癌牆面全部重新剔除至見底，施作防水才進行水泥粉光、刷漆。

設計手法 ✎

通透引光迎接寬闊明亮感

透天厝一樓改為大面落地窗，並規劃為開放式餐廚設計，一掃過去的陰暗，換來通透明亮的舒適感受，原有龐大厚重的 RC 樓梯經變更為鐵件結構，也放大空間感、有助光線流竄。

解決 2

工程手法 ✎ **洩水坡、鐵板包覆層層隔絕屋頂漏水**

徹底封閉舊有排水孔之外，將原有鐵皮拆除，和鄰棟的交界處先重做防水打底，並利用泥作內凹處理新增洩水坡度，然後再用鐵板包覆多一層保護，小雨遮面的漏水則拆除塗佈外漏型防水劑（即戶外型PU），透過確實的防水施作，最後再將鐵皮覆蓋回去。

設計手法 ✎ **頂樓化身現代藝廊**

屋頂、外牆漏水一一克服之後，外牆選擇以斬石子的作法重新打造，並預留天溝設計以便日後排水，原始陳舊的頂樓書房，重新鋪設木地板、規劃俐落簡潔的鐵件層架，輔以幾件保留的老家具、爺爺的珍貴墨寶，讓空間煥然一新，打造如藝廊般的氛圍。

圖片提供 _ 力口建築

三道防水加強保護，
室內外不再大小雨

HOME DATA
建築形式：透天住宅
屋齡：40 年
坪數：44 坪
（不含陽台、陽台）

閒置 20 多年的透天住宅，原有屋頂防水層早已劣化失去作用，在二樓 RC 平頂及壁面也都產生嚴重壁癌，找出漏水源頭重新施作防水、且採多道防水保護，大雨再來也不怕。

 改造前漏水問題

---

1. 屋頂排水不佳、防水層老化

透天住宅的屋頂排水孔老舊，某次大雨積水，結果室內一直不斷滴水，屋主找來的師傅只是簡易的鑽洞排水，殊不知反而造成更嚴重的漏水問題，二樓臥房整面牆壁開始一直滲水，最後演變為壁癌，連木地板也局部爛掉。

老屋屋頂很容易因為防水層老化或是排水設計不當造成漏水。圖片提供＿力口建築

解決 1

圖片提供 _ 力口建築

圖片提供 _ 力口建築

工程手法 ✎ 三道防水施作加強保護

屋頂與屋簷既有老化防水層、牆壁壁癌處及周圍皆剝除見底,修補整平後施作防水塗料、抹後待乾再施作,如此反覆3次,而新作門窗立框後以水泥砂漿確實崁縫,舊有洗石子外牆則利用新作抿石子覆蓋,並於施作前做好防水層保護。

設計手法 ✎ 以舊復舊更有味道

老屋翻修考量部分舊有材質狀況良好,特別予以保留,像是檜木窗及鐵花窗,既有磨石子地板則重新修補打磨拋光,並利用拆下來的檜木作為窗戶平台,加入些許現代感鏡面、鐵件元素,讓老屋保有復古懷舊的氣氛。

搞定屋頂漏水點，還給清爽陽光居家

HOME DATA
建築形式：公寓
屋齡：45 年
坪數：28 坪

45 年的單層長型老公寓頂樓，雖然有鐵皮架構遮雨棚，但因為年久失修，再加上頂樓防水層失效，建築中間有天井會滲水下來，使得位在四樓的 28 坪居住空間的壁癌及漏水問題很嚴重。為此花很多時間在處理抓漏及處理工程上，並將舊有管線全部更換，還給老屋一個清爽又寬敞視野的樂活空間。

❌ 改造前漏水問題

1. 天花板會滴滴答答漏水

由於樓頂防水層已多年沒再施工過了，導致每次下雨時，雨水很容易滲到樓板下面而滴入室內空間，造成困擾。

2. 室內外牆嚴重壁癌、地板滲水

長型屋中間有個三面開窗的天井，缺點是容易長壁癌，再加上前後陽台的鋁窗鋁門已年久失修，原本的遮雨棚也因破損，無法遮風擋雨而使雨水及溼氣滲入壁面導致壁癌產生。

每到下雨天，室內就必須準備水桶接水。圖片提供_川寓室內裝修設計

颱風過後，陽台與主臥落地窗之間的地板有水跑進來。圖片提供_川寓室內裝修設計

解決 1

工程手法 ✎ 屋頂做 3 道防水層

屋頂防水工程流程如下：剔除見底→粗底底層（肉底）→清潔→用室外專用防水漆分三次施工→貼止滑磚完成。而且要注意上完防水漆後須等 4 ～ 6 小時讓漆完全乾燥才施做第二道。

設計手法 ✎ 舒適宜人的日光書屋

藉由妥善的基礎工程，加強房屋的結構安全，不只解決惱人的漏水，長型老屋完全感受不出只有 28 坪，入口左側就是舒適宜人的日光書房，空間感也十分寬敞。

第三次防水完成，要放水試水後，即可上防滑磁磚保護。

圖片提供 _ 川寓室內裝修設計

解決 2

圖片提供 _ 川寓室內裝修設計

雨遮屋簷要先施做防水，再將
遮光罩骨架放上去。

工程手法 ✎ **遮光罩斷水＋兩戶屋頂縫隙填補**

陽台上方一小段舊有建築的雨遮屋簷先做防水，再把
遮光罩骨架施作其上，並用矽利康將遮光罩骨架與牆
面封起來，防止雨水滲入。最後，將屋頂與隔壁鐵皮
屋頂中間的縫隙用室外專用矽力康填補，防雨水進入。

設計手法 ✎ **氣密窗阻擋水氣防噪音**

將所有門窗改為氣密窗，不但加強氣密減少水氣進入
外，也防噪音。除此之外，加上屋中原有的天井採光
優勢，公領域也更加明亮舒適。

解決 3

工程手法 ✎ **架高門檔＋室內地板內外差解決滲水**

面對颱風時雨水很容易從陽台縫裡滲到室內地板問題，設計師利用地板高低差及架高門檻擋水外，並做簡易防水，杜絕這個問題。

設計手法 ✎ **明亮舒適的臨窗主臥**

有了遮光罩斷水及屋頂洞補好後，臨窗主臥再也不怕有壁癌或雨水滲入的情況發生。比較特別的是，半開放書房也能直接通往主臥。

前陽台及主臥之間砌一道門檻檔水，且室內地板較室外陽台高約 5-6 公分，在室內靠近陽台的地坪空間做簡易防水。

修補屋頂裂縫、
整理地面，
重新施作防水工程

HOME DATA
建築形式：公寓
屋齡：30 年

屋齡老舊的公寓，屋頂長期受到風吹日曬雨淋，使防水層因為年久失效而漏水，其中女兒牆與樓板交接處因為地震產生明顯裂縫使水滲入樓下，而局部地面隔熱磚破裂，管道間基座周圍也因為裂縫長期積水而長出植物，也破壞了屋頂原有的防水層。

✗ 改造前漏水問題

1. 地震使女兒牆與樓板邊緣產生裂縫

原建築因地震劇烈搖晃，以及颱風連續強大雨侵襲，使女兒牆周邊結構受損產生裂縫，屋頂防水層和隔熱磚老舊失效，雨水常積聚在同一個地方，長期浸潤後破壞防水層，使雨水從屋頂向下滲入。

2. 通風管道基座老舊周圍長出植物。

公寓管道間垂直連通整棟建築的管路，在屋頂有個突起的通風口，因建築老舊使通風管道基座與地面裂開，使環境潮濕積水有助於植物或青苔生長，雨水因而向下滲入。

老公寓頂樓長期受到雨水、颱風、地震侵襲部分女兒牆產生裂縫，減弱防水的功能。圖片提供＿今硯室內設計＆今采室內裝修工程

通風管道基座周圍及局部牆面因潮濕積水長出植物。圖片提供＿今硯室內設計＆今采室內裝修工程

解決 1

工程手法 ✎ 按照工序做好屋頂防水工程

整修屋頂漏水使用正水壓工法，就是在迎水面施作防水，阻隔雨水向下滲入樓板，基本上有幾個主要工序，1－素地整理整修地面，2－施作防水 PU 底油，使防水層更緊密的結合在施作面上，3－施作防水 PU 中塗材，待底漆乾燥後，可以施做防水 PU 中塗材或鋪玻璃纖維網加強防水材的韌性，4－最後再兩道防水 PU 面漆。

圖片提供 _ 今硯室內設計＆今采室內裝修工程

設計手法 ✎ 做好素地整理使地面平整

在施作防水層之前一定要先做好整理素地的工序時，主要是填補裂縫凹洞、整平地面突起物，最後仔細清洗打掃，將灰塵減到最少，也可以確保之後防水層與底層緊密接著；並且為達到滴水不漏的防水效果，地面及牆面都要施做防水層，防止雨水從牆邊流入。

解決 2

圖片提供 _ 今硯室內設計＆今采室內裝修工程

工程手法 ✎ 徹底清除頂樓植物

當頂樓長出植物，根系很容易伸入地面破壞防水層，因此清除植物時要連植物根系都徹底用藥劑清理，以防日後植物再度生長，然後再進行防水工程。

設計手法 ✎ 使用白色隔熱面漆收尾

施作防水最後一道工序要在表層塗佈具有隔熱功能的 PU 面漆，加強抵抗雨水和紫外線，同時也可以降低頂樓的室內溫度。隔熱面漆一般多為白色，主要利用白色對陽光及紫外線的高反射率作用，也使整個頂樓整齊美觀。

新設窗框、重做內牆
防水，老屋漏水不再來

HOME DATA
建築形式：公寓
屋齡：30 年
坪數：22 坪

這間 20 多年的中古屋公寓，外牆面臨迎風面的關係，經年累月受到風雨侵襲之下，室內牆面、窗框產生嚴重的漏水，甚至衍生為壁癌，在設計師確認漏水點之後，以打除見底、重立窗框的方式，解決漏水問題。

 改造前漏水問題

1. 迎風面窗框滲水嚴重

20 多年的老屋，圓弧形的建築外牆由於正好是迎風面，加上房子老舊、外牆防水早已失效，導致窗框四周漏水、壁癌問題相當嚴重。

圖片提供＿合砌設計

達人解決這樣做 ▶▶▶

解決 1

工程手法 ✎ **內牆防水重做 + 重立窗框**

為了讓漏水問題一勞永逸，弧形牆面、舊有窗框皆全部拆除至見到紅磚，並搭配彈性水泥加強防水性，窗框與結構體的縫隙也確實填滿，接著牆面再重新填補水泥砂漿、上漆，藉由完整的工序施作，徹底根治老屋的漏水。

設計手法 ✎ **幾何色塊打造空間主題風格**

將原本封閉的隔間拆除，有鑑於弧形結構較難以利用，轉為規劃為開放式書房，也藉此讓好採光能引入廳區，而原本漏水的牆面除了獲得解決，也因應修飾大樑衍生的幾何灰色塊作為牆面設計概念，書房隔間則延續木作烤漆拉出斜面隔屏效果，讓空間更具自我風格。

圖片提供 _ 合砌設計

重修防水與複層綠化，解決西曬外牆裂化漏水

HOME DATA

建築形式：透天住宅
屋齡：50 年
坪數：65 坪

年逾 50 年的透天住宅，地處濕氣較高的位置，加上側面立牆正對太陽西曬，原有壁面防水層與混凝土早已劣化失去作用，加上部分陽台牆面結構弱化出現裂縫，致使老屋出現嚴重滲水、漏水與壁癌困擾。重新施作防水及相關工程外，同步透過複層綠化，減少強烈西曬可能對牆面造成裂化，在保有綠意景觀的同時，也不用再擔心漏水侵擾。

✕ 改造前漏水問題

1. 外牆西曬致使混凝土裂化、漏水

透天住宅的側立面正對太陽西曬，歷經長年風吹日曬，牆面的外漆與混凝土早已嚴重脆化凹陷，牆面出現龜殼狀斑駁，鋼筋外露，在缺乏防水層的情況下，出現嚴重的漏水問題。

2. 結構弱化產生裂痕，導致牆面滲水

陽台兩面混凝土壁磚牆交會的垂直牆角，常為牆面弱點，若曾遇上地震，屬於弱接力面就容易自牆角接縫處產生裂縫，若加上年久失修，一遇雨天，雨水就容易從此處灌洩，造成陽台滲水。

老屋側邊牆面因正對太陽西曬，混凝土凹陷剝落，防水層老化造成漏水。圖片提供_SOAR Design 合風蒼飛設計 × 張育睿建築師事務所

垂直牆角為結構弱化處，亦出現裂縫而產生滲水的問題。圖片提供_SOAR Design 合風蒼飛設計 × 張育睿建築師事務所

解決 1

複層綠化成為解決西曬最自然的方式,同時也為室內營造豐富的庭院框景。 圖片提供 _ SOAR Design 合風蒼飛設計 × 張育睿建築師事務所

工程手法 🖊 **剝除裂化外牆,重新施作粉光與防水層**

鑑於外牆因西曬而嚴重裂化,為長效整治立面漏水、壁癌問題,建築師將凹陷裂化處及前後 10 公分的牆面予以剝除後,修補整平後重新施作防水層及粉光層,再塗上防水漆塗料。樓梯磁磚外牆修補滲水縫線後,還塗上一層透明防水膜,兼顧防水效果,並保有舊式磁磚的老味道。

設計手法 🖊 **複層綠化以改善立面西曬問題**

複層綠化為解決西曬最自然的方式,因此,建築師透過將原有陽台逐層退縮,打造出了更多半戶外活動空間與室內遮陰,接著在陽台種植大型植栽與綠籬,不僅改善了側立面西曬的問題,也藉此柔化建築立面。

解決 2

工程手法 🖊 **敲開裂縫找源頭,補強結構及防水層**

對於外牆結構弱化處理,最根本的方式,建議是將裂縫處敲開,找出漏水源頭加以修補,並重新於結構體施作防水層;另外壁面混凝土自裂縫處已嚴重裂化,因此在裂縫處與結構弱化直角的地方,也應施以結構補強膠做修補,以確保壁面結構穩固。

設計手法 🖊 **以修補代替重造,保留壁磚舊時況味**

為了要讓老屋翻修後仍保持建物外觀的完整性,針對部分狀況良好的舊有建材,可以予以保留,而因滲水隙縫被打掉的壁磚,則以建物他處同樣壁磚來作修補,讓老屋得以保有復古懷舊的氣氛。

以同樣的壁磚作修補,藉此保持建物外觀的完整性。 圖片提供 _SOAR Design 合風蒼飛設計 × 張育睿建築師事務所

雙重防水層隔絕，
阻斷老屋漏水

HOME DATA
建築形式：公寓
屋齡：40 年
坪數：55 坪

老屋常見的漏水、壁癌問題，設計師追溯源頭發現是頂樓以及外牆漏水的關係，於是先從外牆做防水層防堵滲水、室內牆面也一併拆除見底，除壁癌、滲水，讓老屋大復活。

改造前漏水問題

1. 外牆、頂樓老舊漏水波及室內

老公寓的 2 樓由於受到頂樓漏水的影響，一路從外牆蔓延下來，導致客廳一側的壁癌相當嚴重，另一邊的外牆、室內也是有漏水問題。

室內壁癌主要是因為水氣從外牆滲透進來的關係。圖片提供_奇拓設計

解決 1

圖片提供 _ 奇拓設計

工程手法 ✎ **室內外防水層隔絕滲水**

首先解決老屋的外牆漏水問題，透過戶外型防水塗料的塗佈隔絕水氣，再來將室內牆面全部拆除至見底，再重新施作防水，並以水泥砂漿粉光填平、上漆，裡外根絕水氣。

設計手法 ✎ **裸露局部紅磚保留老屋味道**

牆壁在處理壁癌問題之後，設計師親手界定鑿開牆面的位置，裸露部分原有建築的紅磚，同時經由特殊上漆處理，減少粉塵清理上的問題並延續牆面壽命，一方面運用木造平房拆除的舊木料及回收再利用的鐵件妝點空間。

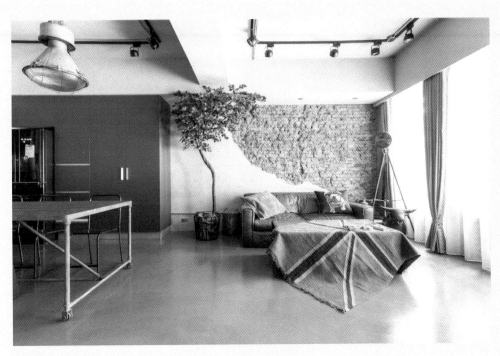

圖片提供 _ 奇拓設計

抗拉力、高彈性防水毯，防水更持久

HOME DATA
建築形式：公寓
屋齡：40 年
坪數：40 坪

老公寓最大的優勢就是擁有毫無阻擋的戶外視野，偏偏屋齡老舊、戶外地板出現裂縫漏水，透過一步步謹慎的防水步驟與高彈性、抗拉力的防水毯施作，徹底解決漏水、壁癌困擾。

改造前漏水問題

1. PU 地板防水破裂漏水

老公寓的頂樓地板原本是 PU 防水，超過 40 年的老房，過去都是出租給別人使用，研判從未裝潢，牆角和地面、女兒牆的銜接處都出現許多裂縫，導致樓下漏水。

防水層並非長久有效，隨著日曬雨淋、地震搖晃等情況，破裂沒處理就容易產生漏水。 圖片提供 _ 奇拓設計

達人解決這樣做 ▶▶▶

解決 1

工程手法 ✎ **抗拉扯防水毯燒焊**

將原有地板拆除至 RC 結構，並清理好砂塵，接著先塗
一層簡易防水，避免施工期間突然下雨造成樓下滲水，
再來鋪設防水毯、以熱熔燒焊，使其完全黏合在地板上，
最後再用水泥砂漿把防水毯保護在下層，也一併做出洩
水坡度，再來就能貼覆木紋磚。

防水毯施作之前可先做一層簡易防水。

設計手法 ✎ **走出陽台乘涼觀星**

偌大的陽台經過重新整頓過後，地面鋪設仿木紋磁磚，
相較南方松木地板更耐用，女兒牆上刷飾清爽的天藍色
調，呼應一整面的天空色彩，搭配戶外家具燈具的陳設，
白天享受日光浴、晚上則可愜意吹風賞星星。

圖片提供 _ 奇拓設計

做好內外防水、動線規劃，迎接寬敞新生活

HOME DATA
建築形式：公寓
屋齡：40年
坪數：40坪

老公寓過去因局部裝修導致浴室防水層失效，滲水讓牆面出現壁癌，廚房在拆除的過程中也才發現漏水問題，做好外牆、室內的防水整頓，並將機能配置微調，老屋住起來更寬敞舒適。

✕ 改造前漏水問題

1. 浴室隔間出現壁癌

早期老房子曾經局部整修，研判浴缸拆掉之後並沒有做好防水，在拆除的過程中又破壞防水層，導致水氣不斷往外滲透，造成隔間產生壁癌。

2. 廚房地板漏水漏到鄰居家

由於廚房正好位於老屋的建築邊角地帶，拆除廚房地板發現佈滿水氣，也導致樓下鄰居的天花板水泥塊掉落，才知道鋼筋都生鏽了。

浴室磁磚出現兩種色差，前任屋主曾將浴缸拆除，破壞浴室的防水層。圖片提供_奇拓設計

看似沒有大問題的廚房，拆開後地壁皆隱藏水氣。圖片提供_奇拓設計

達人解決這樣做 ▶▶▶

解決 1

圖片提供 _ 奇拓設計

工程手法 ✎

重作防水、更換管線

浴室位置不變，拆除舊有磁磚見底，重新施作防水層之外，冷熱管線也全部更新為不鏽鋼壓接管，如此一來就能解決隔間壁癌的問題。

設計手法 ✎

微調動線提升舒適度

舊有衛浴的洗手檯、馬桶動線十分擁擠，重新做動線配置的微調，獲得寬敞舒適的洗手檯面，加上天花板的抬高設計、照明規劃，創造出現代明亮的氛圍。

解決 2

工程手法 ✎ **地壁防水、天花除鏽**

廚房地壁拆除後重新施作防水層，並將鄰居天花板的鋼筋做除鏽、防鏽處理，讓老屋多了一層防護罩，阻擋水氣的滲透。

設計手法 ✎ **擴充廚房檯面料理更有效率**

依據女主人私廚工作的需求，原有簡便老舊的一字型廚具，擴充為 L 型廚房，並將電器設備安排於入口處，結合玻璃拉門的使用，讓上菜動線更便利，寬大的料理檯面，滿足一次多菜的準備，檯面的落差設計則是考量人體工學尺度，洗碗、烹飪更舒適。

圖片提供 _ 奇拓設計

補強室內外防水，
老屋蛻變溫馨美式宅

HOME DATA
建築形式：公寓
屋齡：40 多年
坪數：60 坪

畢竟是超過四十年的老房子，無論外牆因地震裂縫而有滲水狀況，或是內部接近水區的衛浴間內外牆面、地板等，都已經有了嚴重的壁癌現象，水漬及潮溼的景象讓老屋更顯破舊，也影響住戶健康。

 ## ✖ 改造前漏水問題

1. 防水牆年久老化造成壁癌

原本衛浴間的地板與牆面雖有作防水處理，但經過了四十多年的使用，有可能是防水層老化，或者早期防水牆施作的高度不足、材料不佳 ... 等各種原因，致使防水層形同虛設，久而久之磁磚、門板均有發霉現象。

2. 地磚因泡水都已翹起破損

台灣因地處地震帶，除原先防水工程有無確實做好，也可能因地震導致內部防水材質被拉扯而有破損裂縫，經長期滲水導致浴室外的地磚翹起，牆面也有水泥剝落現象。

浴室因原本防水牆破損或過低，長期滲水導致牆面、浴室門都已損壞。圖片提供 _ 昱承設計

衛浴間牆面與地板防水層無法有效發揮作用，連帶浴室外的地磚也翹起。圖片提供 _ 昱承設計

3. 外牆滲水導致內牆壁癌水漬

外牆壁癌也是許多老房子常見的問題，壁癌長期侵蝕造成牆面的泥作已經崩壞，也些地方甚至見到外露生鏽的鋼筋，長期下來對於居住者健康與房屋結構的安全性都成為隱憂。

因外牆泥作裂損造成室內房間的牆面滲水，且已有壁癌產生。圖片提供_昱承設計

達人解決這樣做 ▶▶▶

圖片提供_昱承設計

解決 1

工程手法 ✎

浴室防水層須提高至 220 公分

衛浴間防水工程很重要，舊式防水層僅作半牆易有水氣留在牆內，設計師將防水層高度提升至 220 公分，運用壓克力樹脂、玻璃纖維，以及不織布鋪在牆面與地板交接處做強化，確保浴室不滲水周邊空間自然就乾爽。

設計手法 ✎

原餐廳改為輕食起居間更顯溫馨

在三間小孩房的一側，因不需規劃餐廚區，決定將緊鄰衛浴間的區域改作孩子專屬起居間，除將原本因浴室漏水導致地磚破損的區域做好基礎防水，並改鋪木地板，搭配輕食餐廳更舒適溫馨。

圖片提供 _ 昱承設計

工程手法 ✎ **發霉地板全數刨除重灌水泥**

原本浴室外的廚房地板都已經發霉或翹起,重新規劃後
將廚房的隔間牆打掉,改以開放式的輕食吧檯區,不僅
採光變好,地板也將發霉處刨除至粉光層,重新灌水泥
後,再鋪設海島型地板即可。

設計手法 ✎ **迎向採光的輕食廚房與明快起居區**

原本廚房拆掉隔間牆,重新設計為輕食廚房,為孩子的
起居間引入明快採光;輕食廚房內雖僅規劃簡單廚具與
熱源吧檯,已足夠讓女主人與孩子們在滿滿採光的吧檯
區享用早餐,相當愜意。

工程手法 ✎ 建築外牆也需上防水漆保護

嚴重的牆面壁癌不僅要先清除,有些地方甚至要刮挖至
RC 紅磚層才確保乾淨,接著室內牆要重新粉光,並且加
入防水劑再上漆;同時在室外的外牆上也要塗上戶外用
的防水漆,內外保護才能延長外牆的使用年限。

設計手法 ✎ 美式清新粉綠牆色一改老屋沉悶

將原本壁癌牆面完全剷除,先著手內外牆修復與防水工
程,再選用粉綠色牆面搭配白色家具與百葉窗,滿足了
小主人休憩、閱讀等日常需求,也展現出美式的清新風
格,徹底改變 40 年老屋的體質。

圖片提供 _ 昱承設計

多層防漏設計，
根治漏水問題

HOME DATA
建築形式：公寓
屋齡：約 30 年
坪數：32.5 坪

由於房子屋齡已有 30 年以上，除了有老舊問題外，頂樓原來施作的防水層也因時間過久，需再重新施作，為了應因台灣多雨氣候，造成頂樓直接接觸雨水，長時間下來讓水氣滲入底層，造成漏水問題，因此屋主多方下手以根本解決漏水。

 改造前漏水問題

1. 頂樓防水年久失修

礙於房屋屋齡已久，原本屋況便有老舊問題，且頂樓防漏也因時間太久，無法確實達到防漏功能。

頂樓防水沒做好，很容易造成室內漏水。圖片提供 _ 裏心設計

解決 1

圖片提供 _ 裏心設計

工程手法 ✎ **多重補強防漏更安心**

裝潢前屋主已就漏水問題做解決，除了重新施作屋頂的防漏工程外，並加蓋鐵皮，讓頂樓有了遮蔽，避免直接接觸雨水，減少雨水滲入機會；原來因漏水出現的水痕，設計師則採用樂繕做解決，除了可解決漏水痕跡外，藉由樂繕特性，也可有散發避免聚積水氣作用。

設計手法 ✎ **抹去水痕，還原空間清爽**

天花原來的水痕以樂繕解決，最後並依空間風格調性，塗上適當水性漆顏料，營造出俐落、清爽的空間。

窗戶、漏水工程重點補強，解決惱人漏水問題

HOME DATA
建築形式：街屋
屋齡：50 年
坪數：22 坪

漏水問題幾乎可說是老屋改造不可避免的工程，本案因為是棟連棟的街屋，又與後巷棟距過近，因此反而沒有發生重大漏水問題，但為了完全杜絕漏水，仍在可能滲水的窗戶區域，做好防漏工程以確實達到防漏。

改造前漏水問題

圖片提供 _ 更心設計

1. 老舊木窗，無法有效阻漏

過往年代一直使用到至今的木窗，不只已經老舊不敷使用，更無法有效阻絕水氣，因此造成浴室漏水問題，也引發壁癌危機。

解決 1

圖片提供 _ 裏心設計

工程手法 ✎ **拆舊換新，解決漏水根本**

拆除原始老舊木窗、窗框，將漏水問題確實解決後，重新立窗框，並換上可有效阻斷漏水的新式鋁窗。

設計手法 ✎ **擺脫漏水的全新衛浴格局**

原來衛浴漏水問題，除了以更換新窗解決外，並藉由空間的重新規劃，衛浴與後陽台之間，再以落地門做出裏外區隔，除了因應格局的變動外，也確保若對外窗再有漏水問題發生，可將其限制在後陽台區域，另外並加裝抽風機，以有效抽取濕氣保持空間的乾燥。

堵住外牆、頂樓漏水源頭，40年臨山老宅重獲新生

HOME DATA

建築形式：公寓
屋齡：40 年
坪數：26 坪

住家位於公寓最高層－ 5 樓，屋齡長達 40 年，外牆與頂樓防水層早已失效，累積厚厚一層青苔與爛泥，窗外山林綠意觸手可及，但也說明了長期處於潮濕的現狀，解決漏水潮濕成為刻不容緩的首要課題。設計師透過防水工序阻斷來自戶外的進水點，加上內部管線全面更新，重新建構舒適乾爽的全新生活環境。

✕ 改造前漏水問題

1. 屋頂、外牆防水老化失效

老公寓緊鄰山邊，不僅長期處於潮濕狀態，四十年的日曬雨淋導致頂樓與外牆更是防水老化、積水生苔慘不忍睹，住家位於公寓高層遭受天花與牆面兩處夾擊，漏水壁癌沿著樓梯間如水墨畫一般地進入室內，即使前屋主重新粉刷，細看仍無法掩飾斑駁痕跡。

頂樓與外牆的雙面夾擊，室內成為不設防的滲水潮濕住家。圖片提供＿六十八室內設計

解決 1

工程手法 ✎ 縝密防水工續阻斷漏水源頭

先從主要進水點──屋頂與外牆下手，挖開屋頂腐爛生苔的發泡防水材料至灌漿水泥層，從此層塗覆防水塗料，並於牆角轉折處用抗裂網加強，減少地震的搖晃拉力，維持整體防水的完整性；外牆則漆上耐候漆，可維持 2~3 年。內部則更換漏水管線，同時於廚房、浴室等易潮濕處地面塗佈防水層。

拆除頂樓原有防水材至灌漿水泥層，並於晴天乾燥時施作防水工續。圖片提供＿六十八室內設計

設計手法 ✎ 簡潔風格舒壓又實用

簡潔線條與大面積留白手法，讓自然綠意無形中成為生活焦點，然而其中也暗藏著設計師的貼心實用巧思。特意免去多餘的飾板與易吸水軟件、裸露天花，樓高看起來更高了！也減少發霉長蟲的陰暗角落，無論是建築結構漏水或管線有問題都能第一時間輕鬆處理，令臨山生活清爽無負擔。

圖片提供＿六十八室內設計

不鏽鋼板斷水策略，
為家創造自然綠意角落

HOME DATA

將近 50 年的透天老宅，鄰棟壁癌相當嚴重，偏偏鄰居沒有意願解決，設計師利用不鏽鋼板做補強斷水，讓原本殘破不堪的陽台，瞬間成為明亮舒適的休憩角落。

 改造前漏水問題

1. 與隔壁相鄰壁的壁癌嚴重

本案共有三層樓，除了樓梯頂樓為鐵皮外，從二樓牆面開始發現嚴重壁癌問題，甚至已滲露到一樓的牆面也出現大面積的壁癌。經抓漏發現，原來隔壁後陽台有漏水問題，但對方並不願意解決，於是只好自行做斷水處理。

從二樓開始，與鄰居連結的連結壁壁癌十分嚴重。
圖片提供 _ 綠林創意空間

用不鏽鋼板做斷水處理，處理完後砌磚牆，並花 7 ～ 14 天觀察牆面是否有變乾，若有即斷水成功。圖片提供 _ 綠林創意空間

工程手法 ✎ **不鏽鋼板做斷水處理**

請師傅抓漏，發現室內嚴重壁癌多半是從二樓後陽台的牆壁滲漏進來，且與隔壁鄰居溝通失敗，只好自行用不鏽鋼板做斷水處理，完全阻隔雨水或水氣從這牆面入侵室內。

設計手法 ✎ **自然素材打造休憩陽台**

斷水後壁癌不再發生，且運用南方松和洗石子營造一個舒適的休憩陽台空間，花台上還能以植栽妝點為生活增添自然綠意。

圖片提供 _ 綠林創意空間

重整防水基礎，
壁癌滲水不再來

HOME DATA

建築形式：華廈
屋齡：40 年
坪數：50 坪

老屋總是有著讓人難以割捨的生活歷史，然而當家庭成員有了變動，加上漏水、壁癌嚴重到影響日常生活，不得不徹底翻修。透過擅長老屋翻新的摩登雅舍設計專業的規劃之下，老屋重生，壁癌漏水迎刃而解。

❌ 改造前漏水問題

1. 天花、牆面潮濕壁癌

這間 50 坪大的空間中，雖然有四房足以讓全家四口居住，但因屋子經過 40 年的漫長歲月，有部分房間產生壁癌問題，過於陰濕，再加上採光較差，不堪居住。

原本的儲藏室壁癌嚴重，也較為潮濕陰暗。圖片提供＿摩登雅舍室內設計裝修

解決 1

圖片提供 _ 摩登雅舍室內設計裝修

工程手法 ✎ **重新施作防水，消除壁癌問題**

在最嚴重的前陽台天花以及臥房的角落，將有壁癌的天花和牆面拆除至見底後，解決滲水源頭；之後最重要的是以 2~3 層彈性水泥施作足夠的防水層，建立防水層的屏障，避免之後再發生壁癌。

設計手法 ✎ **清新明亮的睡寢氛圍**

男孩房則移位至原本的儲藏空間，解決壁癌問題後，將老舊牆面重新粉刷上色，賦予清新氣息。一室一色的概念，清淡明亮的色系點綴於各個臥房，為家人凝塑宜人舒適的臥寢氛圍。

整治屋頂防水，擁抱日光綠意的療癒居所

HOME DATA

建築形式：公寓
屋齡：37 年
坪數：25 坪

老公寓屋頂地面經過日照雨淋，加上排水規劃不當，雨水慢慢滲透到樓下住宅，設計師將屋頂花園拆除並仔細地做好防水、排水設計，天花部分也重新批土打磨再上漆，有效治本、延長老屋壽命。

✖ 改造前漏水問題

1. 屋頂排水不佳、防水層老化破裂

前任屋主將頂樓改造為花園，在沒有完善的排水規劃，以及防水層老舊破裂，開始產生漏水問題，但因為天花板的包覆、加上賣屋之前的重新粉刷，買下房子的某次大雨過後，廚房、臥房天花板突然發生大面積發霉現象，拆除天花之後更可見處處斑駁。

一旦屋頂地面老化，當水氣長時間滲透，就會造成下方樓層漏水的情形。圖片提供 _ 層設計

解決 1

圖片提供 _ 磨設計

工程手法 ✎ **拆除花園重新施作防水**

將屋頂的花園全部剷除,包括女兒牆的部分皆重新施作防水,原先斑駁、發霉的天花板一一刮除之後,等待約一周的時間讓水氣徹底排除,再重新施作防水、批土,最後打磨上漆後即完成。

設計手法 ✎ **玻璃隔間讓光線、空間感加倍**

原緊鄰廚房的架高獨立琴房予以拆除,重新規劃為開放式書房,並特別採取旋轉式玻璃門片,創造出開闊明亮的空間感,不僅如此,既有漏水的採光雨遮也一併取消,利用此空間隱藏空調主機,窗台以鐵板包覆,讓日光與綠意成為家中最美的角落。

重整窗框與防水，
老屋重生新穎北歐宅

HOME DATA
建築形式：公寓
屋齡：40 年
坪數：21 坪

30 幾年的老屋，通風採光良好，但因此四周沒有可遮蔽的建築物，風雨來襲沒有阻擋物，牆壁受到風雨直接的侵襲，窗框滲水問題嚴重。將窗戶全部打除重作，水泥砂漿混和防水材塞水路、外牆更施作雨遮、塗佈彈性水泥，老屋迎接嶄新未來，轉生明亮北歐宅。

改造前漏水問題

1. 老屋窗框滲水問題嚴重

40 年的老房子因為 位於通風良好位置，但也因此缺少其他建築物遮蔽，易受風雨侵襲，加上屋況老舊，滲水狀況積累已久。

老屋正好面臨迎風面，窗框漏水相當嚴重。圖片提供 ＿ 優尼客空間設計

解決 1

圖片提供 _ 優尼客空間設計

工程手法 ✎ 重立窗框施作雨遮

拆除原有窗框重新立窗框，並採用泥砂漿混合防水材
料，將窗框與結構體的縫隙確實填滿，並在外牆加做
雨遮，藉此可減少雨水打在牆面，也減少滲水的機率，
最後在外牆塗一層可防水的彈性水泥。

設計手法 ✎ 暖黃色調創造新穎北歐風

窗框打掉重新施作根除漏水問題之後，有別於一般北
歐風以白色為基底，結合原木色的手法，設計師改以
暖黃為視覺的核心概念，公共廳區透過黃色沙發作為
設計主軸，向外逐次規劃出空間各個細節，也利用同
色系的窗簾、小物件與畫作妝點，相互呼應。

氣密窗＋採光罩
強化防水，山區老屋
不再漏

HOME DATA
建築形式：公寓
屋齡：40 年
坪數：14 坪

30 年老屋，因為防水膠條老舊或是熱脹冷縮因素，在風吹雨打以及山區潮濕氣候影響下，窗框周圍已經漸漸出現漏水水漬，住家漏水第一道防線已亮起紅燈！經由拆除重新施作氣密窗，迎風面搭配採光罩，降低風雨沖刷對建築的直接衝擊。

✖ 改造前設備問題

1. 迎風舊窗日久出現滲水問題

雖然住家屋況大致良好，但客廳舊窗位於迎風面，風壓大造成雨水經由隱形裂縫滲入，日積月累形成周圍壁面水漬問題。後陽台則是長期處於半露天狀態，一遇風雨使用必然受限。

位於迎風面大窗，窗框周圍已出現水漬情形。圖片提供＿澄橙設計

圖片提供 _ 澄橙設計

解決 1

工程手法 ✎ 架窗時留縫仔細灌漿與妥善防水

打掉原有舊窗後，在窗框邊緣補強結構、做防水處理。
裝設鋁料時要預留1公分縫隙，架好位置後補上泥砂
黏著以及灌入防水材。此外，因為除了窗框周圍，牆
面並沒有明顯裂縫，但因為屋齡已達三十年，因此設
計師在前陽台加裝採光罩，減少風雨直接衝擊外牆窗
戶的面積。

設計手法 ✎ 拉門區隔內外、拉闊景深

居住者因工作關係，一年大多身處國外，設計師特別
以異國風格為老宅做出全新詮釋。客廳窗前特別以拉
門區隔內外，光源、視線穿透不受阻隔，營造出裡外
景深。後陽台則同樣裝設氣密窗，簡單加上木頭檯面，
當下隨即變身賞景喝茶的私人咖啡廳。

圖片提供 _ 澄橙設計

PART 2

管線

管線更換，老屋住得更安心

超過 15 年以上的老屋，水管、電線建議都必須全部重新更換，除了格局配置也會牽涉管線的走向之外，舊管線的材質也隱藏安全危機！例如電線老舊、負荷量過高會導致電線走火，另外，早期水管多為鐵製材質，容易有生鏽的問題，而且熱水管也不見得是不鏽鋼管，多半都是塑膠管，保溫效果差。

因此翻新老屋時，要特別注意管線的更換，一方面最好先列出未來可能使用的家電以及個別的瓦數，例如烤箱、微波爐、浴廁暖風機等，建議可向台電申請加大室內可以使用的總電量以及單一迴路的配電量，避免未來使用因用電量不足而跳電。此外，如果是 20 年以上房屋，所用的電箱最好換成無熔絲開關，較為安全。

1 水管

管線屬於消耗品，長期使用自然會老化，通常屋齡超過 20 ～ 25 年的老屋，就會陸續出現供水管或排汙管漏水現象；另外，電壓不足、瓦斯管鬆脫 ... 等等都是老屋常見管線問題，面對這些管線地雷，不僅煩心且影響生活品質，也成為居住老屋、或是想買老房子的族群難以擺脫的夢魘。

😖 地雷 1 水龍頭流出汙濁黑水

與金屬水管所造成的鏽水不同，年久未清洗的水管也有可能流出汙濁的黑水，有些還帶著黃綠色的雜質，會造成自來水變色、變濁、甚至流量變小，主因是水管內有綠藻或微生物在管壁生成生物膜，並隨著自來水一起被沖刷流出來。

長期未清洗的水管流出黑水。
圖片提供 _Fran Cheng

 ## 危機解除這樣做！

1. 水管也需要定期做清洗

自來水中多少都會存有雜質與微生物，一般經過煮沸後食用並不會影響健康。但就像水塔需要定期清洗是一樣的道理，若水中微生物過量，則需進行給水管路的清洗。當家中出水有汙濁情形而擔心，可在坊間找到專業清洗水管公司做處裡。

無論鑄鐵或鍍鋅鋼管，久了會有水鏽產生，且管徑也會變小，應該定期進行水管清洗。圖片提供 _ 今硯室內設計＆今采室內裝修工程

☹ 地雷 2 鐵製水管，久了有鏽質

約莫 30 ～ 40 年前的老房子，在屋內供水管路常採用鑄鐵或鍍鋅鋼管材質，近來新蓋建築已較少用。這類鐵製水管平日天天使用雖未發生異狀，但若經過多日停用時，如出國十幾天，回家一開水可能就會發現水中有水鏽雜質，主要是因為鐵管氧化生鏽造成。

老屋鐵製水管氧化生鏽容易產生雜質。
圖片提供 _ 昱承設計

危機解除這樣做！

1. 捨棄鐵管改以不鏽鋼材質水管

無論是鑄鐵或鍍鋅鋼管都屬鐵製水管，久未使用除了會有鐵鏽雜質產生外，更重要的是長期飲用對身體恐有不良影響，因此，建議將所有給水管的熱水管線改成不鏽鋼材質較佳，這也是目前新房子所使用的給水管主要材質。

2. 水路施工可分為明管或暗管

更換水路是大工程，尤其原本若是暗管就須挖開樓板水泥，因為動到天花板或地板會影響上下層住戶，需徵得住戶同意難度較高，但完工後較美觀。拉明管相對較單純，若擔心管線雜亂難看，可將管線沿牆邊走，再以飾板遮掩即可，實際狀況需視現場與師傅做進一步討論。

熱水管建議使用不鏽鋼材質，具有耐熱、防鏽的特性，也能耐住水泥砂漿的腐蝕。攝影 _ 蔡竺玲

老屋翻新建議水管要全面更新。圖片提供 _KC design studio 均漢設計

老屋水管經常因異物堵塞回堵。圖片提供 _
今硯室內設計＆今采室內裝修工程

😖 地雷 3 排水孔堵塞排不掉

房子的水路分為給水管與排水管二大系統，顧名思義，排水系統泛指將屋內使用過的污水排出。但老屋因多年使用易在管壁上累積油汙，導致管徑變小，進而影響水流量；或是因異物阻塞造成汙水回堵的窘境。

👩‍⚕️ 危機解除這樣做！

1. 排水及給水另外接新管

一般屋齡超過 20 年的舊屋，排水管太過老舊且管壁嚴重堵塞，非但不能排水，甚至還會有冒出水來的現象。而一般供整棟住戶使用的排水管，常會因為一戶不慎堵塞排水，使得低樓層住戶浴室廚房或陽台淹水，所以，重新配管時最好另接新管至地下排水處，並將舊管封住不再使用，如此就不用煩心排水口倒流的情形發生。

2. 毛髮異物可用通管條排除

若是因毛髮堵塞造成的浴室排水管不通，或使用疏通劑無法順利解決堵塞，可以試試通管條，將管路前端的毛髮清出即可。如果再無法排除堵塞狀況，則須找尋找通水管的清潔公司協助，透過專業的通管機器來排除堵塞問題。

管線重新接好之後，一定要測試水壓，因為管線沒接好也是漏水的主因之一，加壓試水可以預防事後漏水的情況，建議至少要試一小時以上。圖片提供 _ 今硯室內設計＆今采室內裝修工程

毛髮堵塞最簡單的方式是用通管線條疏通。圖片提供 _ 許嘉芬

2 電線

電源為現代生活提供極大便利性，但是輸電用的電線安全卻很容易被忽略，其實使用超過 10 年以上的電線就可能開始老化；另外，老房子因普遍總電容量不足，若未配合新電器重新規劃迴路，很容易因在同一迴路上使用過多電器而超過負荷，使電線過熱引起火災等居家安危問題。

插座一旦變黑一定要更新。圖片提供 _ Fran Cheng

🫤 地雷 1 插座變黑又冒煙

房子住久了自然有老化現象，雖然有些東西越老越見質感，但是若家中插座、電線看起來舊舊黑黑的，這可就不是甚麼好現象，一旦發現插座有變黑、或是偶有火花、冒煙等現象，絕對不能輕忽。許多新聞事件常聽到因電線走火釀禍，甚至造成家庭悲劇的，千萬要特別小心。

➕ 危機解除這樣做！

1. 避免同一迴路的用電量超過負載

插座變黑又冒煙，代表此一迴路的用電已經超過負載，電線內的銅絲過熱造成包覆的外材毀損。因此，應立即將此插座上的用電數量減少，以避免更大的危險發生。

不同區域的電線迴路應事先做好規劃，高耗電電器則要有單插單用的專用迴路。圖片提供 _ 今硯室內設計 & 今采室內裝修工程

2. 插座或電線若有毀損應盡快換新

一般開關插座則約 5 ～ 8 年，而電線則約 10 ～ 15 年開始有老化現象，如果能定期作更換自然最好，但若短期間家中電路沒有全面換新計畫，則建議做一次總體檢。如插座、插頭、延長線變色或變形，甚至有焦化現象則應該立即換新。

老屋重新裝修之前要詳列電器表格，計算好總用電量和迴路，並拉迴路到配電箱並安裝無熔絲開關。圖片提供 _ 今硯室內設計 & 今采室內裝修工程

老屋總電量不足容易造成跳電。圖片提供 _ 今硯室內設計＆今采室內裝修工程

☹ 地雷 2　跳電

跳電是許多老屋常見的問題，尤其容易發生在煮晚餐時，主要是老屋電量普遍不足，加上廚房電鍋、烤箱、排煙機…都屬高耗電，多種電器同時使用，就會造成家中用電超量，此時迴路總開關上的無熔絲會熔斷，開啟自動斷電的安全機制，目的在避免電線發生自燃起火現象。

🧑‍⚕️ 危機解除這樣做！

1. 重新向電力公司申請提高契約電量

相較於從前的生活，現代家庭電器使用量大增，但 20 幾年前的房子總電量多半僅 30 安培上下，早已不敷使用。建議重新向電力公司申請契約容量，將總電量擴增至 50 安培以上。且規劃電路前應先審視自己用電習慣，如電器品項、多寡、插座位置，若有大型電器應考慮設置專用迴路。

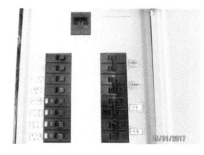

老屋建議可向台電申請加大室內可以使用的總電量以及單一迴路的配電量，避免未來使用這些家電時，因可用電量不足而跳電。圖片提供 _ 今硯室內設計＆今采室內裝修工程

2. 廚房高耗電電器應設專用迴路

廚房是家庭用電的一級熱區，應設置專用迴路，除先計算出廚房內電器所需的總用電量，而且烤箱、電磁爐…等大電量設備需有專插專用的單一迴路插座，專用插座是將線路獨立接到電錶箱中的無熔絲開關，且此組迴路上不再做其它設備用電的線路串接才能確保用電安全。

廚房電器多半為高耗電產品，必須設置專用迴路才不會有跳電危機。圖片提供 _ 昱承設計

圖片提供 _Fran Cheng

😖 地雷 3　一插座轉接一或多個延長線

老屋因時空變遷，現階段的空間利用多半與原本規劃時大相逕庭，原本插座位置也不一定能符合現在需求，這時延長線就是最好幫手。不過，使用延長線要小心，尤其若轉接多插座的延長線必須限制同時使用的電器用電量，避免引起火災。

🩺 危機解除這樣做！

1. 高耗能電器應選單插延長線

如電暖器、烤箱 … 等高耗能的電器，應盡量避免使用擴充插座或是一對多的延長線，建議以專用插座的方式使用，若不得以需用延長線也要用單一插座，並且要選用有國家認證標章，且延長線的電線不能太細，避免電流超過負荷而發熱。

高耗電家電建議應使用單插延長線。攝影 _ 江建勳

2. 選用安全插座避免意外

插座太少一定要使用一轉多的插座，但又擔心電流量超量時，不妨選擇改用安全插座。一般插座並無保險絲，因此，當插在同一迴路的數個電器同時啟用電流就易超量，而安全插座上裝有保險絲，當電流超過額定量時保險絲會燒斷，自動斷電來保護居家安全。

省電安全插座，是在插座線路並聯使用時，可單獨切掉單一插座供電，而不影響其它插座供電，且使用真空管保險絲可長時間使用，故障率極低。圖片提供 _ 愛地球

▶ ▶ 管線施工注意 TIPS

施工注意

1. 避免將高耗電的電器配置在同一區迴路，在設計迴路時應事先計算同一區的用電總量，也就是若此區電器同時開啟時，總使用電量不能超過此迴路的額定電容量，大耗電電器則應另外拉專用迴路。

2. 電路最好能以穿管配置，一來可以避免老鼠或小動物咬壞電線包覆層，造成危險，同時若將電線、電話線、電視訊號線 … 等不同用途的線路分管配置，日後想要換新或加線時也較容易尋管路來施工。

3. 在浴室及廚房等接近水氣的區域，需特別加裝漏電斷路器，才能避免觸電、維護居家使用的安全。另外，老屋建議最好換裝無熔絲開關較安全方便。

3 瓦斯管線

在台灣，無論是廚房瓦斯爐或是浴室的熱水器，多數家庭都是使用瓦斯來提供熱能。但是，不管管路直接拉近家中的是天然氣、還是桶裝瓦斯，當瓦斯輕微外洩時不易被發現，卻隱藏極大危機，因此，家中瓦斯管線一定要定期檢查及換新維修才能確保身家的安全。

😖 地雷 1 橡膠管老化

別以為不常下廚，不怎麼使用瓦斯爐，瓦斯管就不會有老化的問題。由於瓦斯管線的劣化因素不單純只在於使用次數，即使平時少用廚房，橡膠管線仍會持續老化，因此，瓦斯公司通常會主動通知客戶作定期維修，並提供保固期。

老屋的橡膠管線老化若無更新，也會造成危險。圖片提供 _ Fran Cheng

👩‍⚕️ 危機解除這樣做！

1. 提高警覺，聞異味立即檢查

除了讓專業的檢修人員檢測，平時自己也要有警覺心，如聞到有瓦斯異味就應該詳加檢查，最簡單的方式就是全家都不使用瓦斯時，檢視瓦斯表的末位數字，若有轉動則表示有漏氣現象；檢測瓦斯是否有漏氣時千萬要小心，不可用火做測試，現場也不能點打火機作照明用。

當全家人都沒有使用瓦斯的狀況下，瓦斯表右側的末位數字若仍轉動則要檢視是否有瓦斯漏氣現象。圖片提供 _ 今硯室內設計 & 今采室內裝修工程

2. 定期更換瓦斯軟管

連接瓦斯出口至瓦斯爐或熱水器的塑膠管會老化，建議每 2 年要更換一次，可自行買材料更換或是請專業人員施作。更換時，要先將瓦斯關閉，拆下瓦斯管線，接口管束則套在瓦斯管線出、入口處，再用螺絲起子鎖緊。

瓦斯管線、熱水氣管線皆建議每 2 年就要更換一次。圖片提供 _ 許嘉芬

😖 地雷 2 廚房排煙管油煙逆流

無論是廚房或是浴室,很多家庭都會在空氣較差的空間安裝排煙機或換氣抽風機,但是很多老房子卻仍有異味難消、排氣不良的問題,除了機器老舊、效率不佳外,也可能因安裝問題導致油煙逆流。

老公寓如果排煙管安裝不當易產生油煙逆流。
圖片提供 _ 今硯室內設計 & 今采室內裝修工程

🩺 危機解除這樣做!

1. 排煙的管路盡量避免曲折

雖然排煙機的效率是能否消除異味的第一要件,但是煙道的設計也是關鍵。主要是已被吸入煙道的油煙若沒有流暢的通道,則容易迂迴停留在管道中,因此煙道應盡量減少曲折,同時也要避免排煙管徑大小不一致,影響排煙的順暢度。

2. 排煙管道距離最好在 1.5 公尺內

排油煙機的位置很重要,連結公共煙道的管線若過長同樣會降低排煙的效果,數據顯示:排煙機與煙道的距離每增加1公尺,排煙機風量則減少 5%。為確保排煙機的吸煙效果,建議最佳安裝距離不超過 1.5公尺。

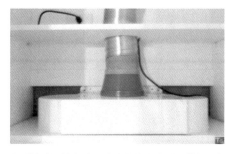

廚房排油煙機與排煙管的交接處應以膠帶仔細封口,以避免油煙從縫隙逸出。圖片提供 _ 今硯室內設計 & 今采室內裝修工程

排油煙機的排煙管須接到管道間,但若排煙管過長則容易讓煙味從流管內,甚至回流室內。圖片提供 _ 今硯室內設計 & 今采室內裝修工程

老屋廚房經常面臨位置調整，瓦斯爐的移位要特別小心。圖片提供_今硯室內設計＆今采室內裝修工程

☹ 地雷 3　瓦斯爐想移位

當老房子中的廚房想要因格局變換想要更動位置時，瓦斯爐與管線勢必要移位，此時千萬不可自己任意延長或變更瓦斯管路，必須先向瓦斯公司申請，再請瓦斯公司的專業配管人員來家中安裝遷管。

✚ 危機解除這樣做！

1. 瓦斯管避免配置在熱水器上方

一般瓦斯管線經由陽台上進入室內，而陽台上通常還會有熱水器、瓦斯表等物件，為了安全，瓦斯管路要避免與火氣接近，如瓦斯表及管線與熱水器須保持一定距離（約 60 公分以上），且瓦斯管線應避免配置於熱水器上方，相關注意事項天然氣公司都有規範，應特別小心。

通常熱水器與瓦斯管線都會安裝於工作陽台上，但應注意瓦斯管不能在熱水器上方，避免發生危險。圖片提供_今硯室內設計＆今采室內裝修工程

若是陽台通風條件較差，熱水器則應加裝強制排氣管，避免一氧化碳殘留室內。圖片提供_今硯室內設計＆今采室內裝修工程

▶ ▶　管線施工注意 TIPS

施工注意

1. 瓦斯橡皮管與瓦斯爐接續處一定要使用大小合適的安全管束（鐵片）作固定，不可使用一般膠帶黏貼取代；舊的瓦斯管在更換管束時須將前端切除一段，才能重新接上瓦斯爐。

2. 瓦斯橡皮管通過的路線應避開高溫、火源與電氣等設備的周圍，以免瓦斯氣體不慎被引燃，造成居家無法收拾的傷害。

3. 安裝瓦斯軟管必須確實，安裝完成後可用手輕力拉扯測試，如有滑動或脫落之現象則須重新固定，瓦斯管束迫緊時力量必須適度，且不能刺破瓦斯軟管，且所有瓦斯管均須有經濟部標準檢驗局檢驗合格標章。

|4| 糞管

老屋糞管比較大的問題是，原本浴室的格局不佳或是設備配置動線不良，導致浴室必須移位調整管線，如果是老公寓住宅，糞管不可移動過遠，否則須墊高地板，最好也不要有過多轉折，避免日後堵塞。

老屋衛浴因老舊、動線不佳，會變動馬桶位置。圖片提供 _ 裏心設計

😣 地雷 1 糞管移位

買下老房子，新住戶最想改造的多半是衛浴間，一來老舊設備不夠舒適，同時老廁所的衛生問題與氣味殘留也是一大因素。不過變更衛浴間因牽涉排汙管道問題，不單只是換掉馬桶而已，只要移動馬桶位置就會動到地板工程。

👩‍⚕️ 危機解除這樣做！

1. 糞管不宜移動過遠與多轉折

以大樓來說，自家的糞管是埋在樓下住戶的天花板裡，想移動衛浴間排汙管則會動到樓下天花板，必須得到樓下住戶同意才能動工，因此，不建議將衛浴間移至太遠處，同時不要有太多轉彎，以免未來糞管容易堵塞，問題更大。

2. 以墊高地板取代挖開地板的工法

改造衛浴間建議採用局部移動的做法，也就是新舊衛浴間有部分重疊，這樣一來通到樓下的糞管與排水管位置不變，只需將管路延伸至新的馬桶位置，而延伸的糞管區再以回填水泥墊高即可。當然移動的位置越遠，地板須回填墊高的高度與範圍則更大。

馬桶移位施工時的糞管管道應盡量避免轉彎，以免日後容易堵塞。圖片提供 _ 今硯室內設計＆今采室內裝修工程

連結馬桶的糞管移動越遠，地板須回填的高度與範圍則更大。圖片提供 _ 今硯室內設計＆今采室內裝修工程

衛浴間的馬桶區回填水泥後地板也被墊高了。圖片提供 _ 今硯室內設計＆今采室內裝修工程

Plus!
透天厝、街屋

管線修復大不同

獨棟老屋和公寓型老屋最大的差異就是，如果位移廁所，獨棟房子無須架高地面，可以直接洗洞處理，另外也能增設獨立的管道間，整頓所有的線路。

差別 1.

💔 沒有管道間、管線隨意藏設

相較於一般大樓、華廈老屋，獨棟的透天厝、街屋並沒有所謂的管道間，早期這種老屋的管線也多半沒有經過妥善的配置，甚至還會將管線埋設在外牆或結構體內，這樣的缺點是，日後若管線出現問題很難一一查覺。

原本以為老屋管線只是老舊，結果發現連糞管都被埋在牆面內。圖片提供 _ 日作空間設計

解決方法

獨棟老屋配獨立管道間

大樓由於戶數多，管道間絕大多數都是用於規劃水管、糞管，管線越多需要的管道間空間就會更大，然而透天厝、街屋因為整棟住宅都是自己的，因此便能將汙水排水管、雨水排水管、糞管、電線、冷媒管等等需要配置的線路通通整理規劃在管道間內，透過樓板、天花板的開口設計一路延伸至一樓接往化糞池、下水道，好處是日後維修檢查方便許多。而管道間的位置安排則必須思考不同管線是否能以最短路徑串聯至需要的空間，如此才能更有效率。

1F 平面圖　　　2F 平面圖

以這棟透天厝為例，管線設置於二樓浴室，兩側各是臥房，冷媒管就能以最短距離規劃，同時也能利用管道間的隔間設計一併將淋浴收納思考進去。圖片提供 _ 日作空間設計

💔 廁所位移，需架高地面，吃掉原屋高度

一般來說，高齡老屋經常會因不同的使用需求，而位移廁所、廚房位置。其中一旦廁所位移，為了讓排水順暢，勢必要架高糞管，做出洩水坡度。再加上糞管直徑有 10 ～ 12cm，代表至少會架高 13 ～ 15cm，進而吃掉原有屋高，讓空間顯得壓迫。

糞管直徑有 10 ～ 12cm，一旦位移管線，地面勢必會架高。 圖片提供 _ 今硯室內設計＆今采室內裝修工程

解決方法

獨棟透天直接往下洗洞，接樑內的排水管線

相較於一般街屋、華廈和電梯大樓，獨棟透天老屋的優勢在於房屋所有權單一。當位移管線時，可直接往地面洗洞，讓糞管直接接樑內的排水管線，地面就無須架高，相對保留了原有屋高。而街屋、華廈等老屋若也想向下洗洞接管，則必須獲得樓下住戶的同意才可施作，實際情況上多半不可行，因此僅能在自有空間中施作。若不想損失太多的屋高，只能向地面偷高度，在地面往下打 3 ～ 5cm 左右，看到鋼筋即停止，糞管下埋就能相對減少架高的高度。

透過在樑上洗洞，讓排水管線相接，無須再架高地面。圖片提供 _ 今硯室內設計＆今采室內裝修工程

新設管道間整頓管線，
老屋活化更好用

HOME DATA
坪數：○○坪
高度：○坪
建坪：○坪

一般來說透天厝並沒有管道間，為了給予屋主更舒適耐用的生活環境，日作設計以大樓配置概念，為透天厝新增管道間，日後維修更便利，並透過設計手法巧妙以櫃體修飾包覆，溫潤的木質基調下隱藏豐富的機能。

 改造前管線問題

1. 舊糞管藏在結構體內

原本管線本來就因應配置調整，需要重新規劃，然而在拆除的過程中卻發現舊糞管被埋在結構體內，如果再依循這樣的方式配管，未來管線出問題反而會很難維修。

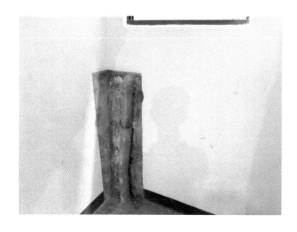

早期蓋的透天厝住宅，糞管居然埋在結構體內，日後維修不易且管線老舊。圖片提供_日作空間設計

圖片提供 _ 日作空間設計

管道間會利用鑽孔機進行 RC樓板開口，尺寸拿捏會更為精準。

圖片提供 _ 日作空間設計

解決 1

工程手法 ▶ 新設管道間整頓好全室管線

將透天厝當成一般大樓，從二樓、三樓浴室淋浴間位置規劃管道間，垂直貫穿至三、四樓，包括給排水管線、糞管、弱電管線、甚至是冷媒管都可以整理進管道間，糞管最後則經由此接入化糞池，日後若疑似管線出狀況就可以至管道間勘查。

設計手法 ▶ 收納櫃體巧妙隱藏管線

由二樓浴室管道間內拉往一樓的管線，巧妙地被隱藏在沙發旁的櫃體內，並與收納櫃體作結合，創造機能之外，一方面也劃設出客、餐廚的場域屬性，同時利用灰玻璃拉門作為油煙的隔絕。

水電管線更新重整，
35年透天老宅
世代傳承

HOME DATA
坪數：
屋齡：50年
杆數：22坪

35年透天老宅充滿男主人從小到大的回憶，隨著屋主結婚、孕育下一代，將透過重新改裝、延長壽命，繼續伴隨孩子成長、傳承下去。現在建築面臨管線老舊問題，無論用水用電都安全堪慮，得依據現今生活重新評估，未來才能輕鬆享受便利生活。

 改造前管線問題

1. 建築內部老朽管線成安全漏洞

老房子管線老舊，電線腐朽、或是無法負荷現在電器用電量；水管則因年久漏水、管內積垢，都無法繼續使用。加上藏於牆壁或樓板內的管線，可能因地震或材料變質形成不能輕易察覺的裂縫，是住家中的安全漏洞。

密閉陰暗的廚房空間，除了不安全的設備規劃，管線已經跟不上現在水電配置標準。圖片提供 _ 伍乘研造

達人解決這樣做 ▶▶▶

圖片提供 _ 伍乘研造

解決 1

工程手法 **更新、集中管線方便日後維修**

管線全面重新配置，尤其給、排水部分，設計師拉新管集中於透天厝後方，方便日後維修更換。而電箱因應電器現狀，替換掉無法負荷現行設備使用量的舊設備與管線，重新加大電箱、電荷，為後續新居電器設備打好基礎。

設計手法 **線條簡化詮釋舒壓無印風**

新廚房管線皆透過事先規劃藏於牆內，捨棄多餘線條，以自然木紋作為空間主要表情，周遭背景則透過無色彩的白與灰色馬賽克檯面展現舒適的無印風格。光線由後方小後院慵懶灑落，描繪全室一派輕鬆寫意。

圖片提供 _ 伍乘研造

現代化管道間收整管線，日光綠意圍繞的美好廚房

HOME DATA
所在地 臺南市
坪數：50坪
屋齡：65年

已有 50 年屋齡的透天住宅，全屋水電管線早已老舊不堪，尤其過去這棟透天住宅還曾作為學生套房使用，原管線都可能是隱藏危機，考量居住的舒適與安全，重新更換管路，並規劃出現代化的管道間收整老舊管線是最理想的作法。

 改造前管線問題

1. 隨意釘掛管線，安全堪憂且不美觀

老屋過去管線配置較無章法，有時為省去重新彙整管線與鋪設工程，就直接在牆面釘掛管線。但管線外露，卻容易造成使用上的安全疑慮；再者，牆面到處爬滿管線，視覺上也非常不美觀。

釘掛於牆面的外露式管線，隱藏居住安全危機。圖片提供_合 SOAR Design 合風蒼飛設計 × 張育睿建築師事務所

圖片提供 _SOAR Design 合風蒼飛設計 ✕ 張育睿建築師事務所

解決 1

工程手法 ✎

配置管道間與預埋管線，收整老舊管線雙管齊下

過去舊式老屋並沒有管道間概念，設計師除了規劃了
現代化管道間，將排水管線、糞管等管線一併整理進
管道間，有利後續維修外，在地板重新鋪設，部分管
線能重新預埋於地板下，也省去管道間佔用的空間。

設計手法 ✎

重鋪地板預埋管線，營造整潔美觀的廚房

敲除過去外推加蓋的老舊晦暗的廚房，透過格局的更
動重整，1樓廚房空間改以開放式格局作呈現，於重
新鋪設地板時，將原本雜亂無章的外露管線，隱形收
納預埋於地板下，賦予廚房整潔俐落的環境。

圖片提供 _SOAR Design 合風蒼飛設計 ✕ 張
育睿建築師事務所

93

鄰居瓦斯管線Out！
還來寧靜清爽的
四口之家

HOME DATA

將近 40 年的華廈老屋在經歷四位屋主，再加上中間的分戶切割問題，使得本案的新舊管線複雜，甚至還發生找不到全戶供電路徑、天花板出現隔壁家的瓦斯管線，最後以切斷管線重新申請安裝獲得解決。

 改造前管線問題

1. 別人家瓦斯管到我家

很有可能是因為當初蓋房子時，原為一戶，因為後來屋主為分戶出售時，卻沒有將管線做更改，導致隔壁家的瓦斯管路出現在本案的天花板上的詭異現象。同時還發生本戶電錶的電路並非直接進到這個家裡，而是經由別人家再接下來的情況。

別人家的瓦斯管線穿過本案的天花板。圖片提供＿采金房室內裝修設計

圖片提供 _ 采金房室內裝修設計

解決 1

工程手法 🖉 **切斷鄰居管線重新申請**

由於本戶有自己的瓦斯計量錶，因此不必再申請，只要跟在地的天然瓦斯公司申請改管就可以了。流程也很簡單，可至現場或電話申請，並繳交設計費 70 元。之後，天然瓦斯公司將派設計人員將主動與你連絡，並約定現場實勘設計。並於三天內以電話告知用戶工程金額。用戶同意後，辦理發包並與約定日期現場施作。

設計手法 🖉 **翻轉客廳創造良好互動**

將隔壁的瓦斯切斷後，另外走自己的管線。一方面也將原本的客廳轉 90 度，讓餐廳與客廳可以對話，營造出內外玄關設計。

瓦斯管完全拆除。圖片提供 _ 采金房室內裝修設計

圖片提供 _ 采金房室內裝修設計

管線重拉、材質全面升級，勾勒溫馨美式風

HOME DATA

老屋的電線、水路都已經老化且具走火的危險性，因此，屋主買下後就已有全面換管線的心理準備，但管路除了材質要升級外，總電容量也要加大，另外，更重要是水路須配合新的格局需求做全面規劃。

 改造前管線問題

1. 四十年鐵製水管多有鏽蝕

原本衛浴間除了因年久漏水，造成髒污外，屋主考量未來三位小孩房與長親房都規劃在此，僅有一間衛浴間，確實有不方便之處，加上原本鐵製水管嚴重鏽蝕，早已無法使用。

因為更動衛浴間的牆面，勢必放棄原本管路重新規畫理管。圖片提供＿昱承設計

2. 因鐵管水鏽導致浴缸及設備髒污

40 年的水路有多處損壞漏水現象,加上衛浴間內的設備也都已老舊需要更換,浴缸水龍頭又因漏水造成水漬殘留,地壁面磁磚也髒污不堪,因此,決定捨棄原以管路充新規劃。

老房子因早年熱水管採用鐵製管路,長年下來造成鏽蝕,連設備也都被染色。圖片提供 _ 昱承設計

3. 總電量不足易造成跳電困擾

40 年前老屋因電器使用量不多,所以當時跟台電申請的總電容量不到 50 安培,但這樣的現況對於現階段的生活方式則完全不敷使用需求,必須重新向台電申裝。

老房子內的總電容量多半僅有 35 ~ 50 安培,小電箱無法負荷大量用電則易發生跳電情況。圖片提供 _ 昱承設計

解決 1

圖片提供 _ 昱承設計

工程手法 ✎ **加大電容量以應付電力需求**

原本 30 餘坪的房子因合併後倍增為 60 坪,因此,總電容量也須大幅提升,設計師在計算各區總量後,向台電提出 75 安培用電量的申請,同時將電箱藏在原本大門旁的美式櫃體內,美觀又實用。

設計手法 ✎ **門側美麗牆櫃內藏收納與機能**

二戶之間的隔戶牆被拆除後,為了解決大門周邊的電箱規劃與收納需求,特別配置二座美式牆櫃,而藏在櫃內的電箱隨時可打開做維修,加上櫃內收納空間不小,成為最實用與美觀的好設計。

解決 2

工程手法 ✎

水管換新並增設半套衛浴間

將原本衛浴間牆面稍稍外移，再搭配小孩房挪出一點空間，使原僅有一間衛浴的房子可增加半套衛生間，生活更方便。由於需配合牆面位移，牆內水路自然也跟著全部換新，將冷熱水均改為不鏽鋼管路更安全健康。

設計手法 ✎

立體黑白磚鋪陳俐落質感

透過牆面的微調移動，增加了半套衛浴間，避免三位孩子搶一間衛浴的麻煩；新衛浴間除了水路管線全面換成不鏽鋼材質，牆面則選立體紋白磚與黑石紋地磚來鋪陳俐落質感。

圖片提供 _ 昱承設計

解決 3

工程手法 ✎

重新配管並作乾溼分離設計

先以乾濕分離設計增加淋浴區，並重新配管將馬桶與面盆位置對調，避免開門見馬桶的尷尬。由於馬桶作移位，因此將地板稍作墊高設計，搭配淋浴區恰可作出高低落差的洩水坡度。

設計手法 ✎

淋浴區以玻璃隔屏保留採光

馬桶配合浴室牆面移動而稍做移位後，也需將地板做些許墊高來延伸排汙管道；為避免濕氣難除，將淋浴區規劃在窗邊，並以玻璃隔屏保留更多採光，而石紋地壁磚則散發自然風格。

圖片提供 _ 昱承設計

管線重配，提升生活舒適，延長使用年限

HOME DATA

看不見不代表就沒問題，隱藏在牆壁內的水管等管線，礙於使用年限過久，已有老舊生鏽現象，加上過去管線多採用鑄鐵管，也不利於長久使用，因此除了全面更換管線，亦加裝新設備，以加長使用年限。

 改造前管線問題

1. 水管老舊引發水壓問題

50 年老屋的舊有管線為鑄鐵管，使用了 50 年不只老舊，更因生鏽問題，造成水壓、水量不足問題。

老屋水管老舊且水壓不足。
圖片提供＿更心設計

圖片提供 _ 裏心設計

解決 1

工程手法　全面換新，做好老屋打底工作

全面將老舊水管更新，一舉解決累積多年的問題，另外為了過濾不可避免的水中雜質，加裝前置過濾器，確保水的品質，也可解決雜質累積，造成未來水管堵塞問題。

設計手法　管線重牽符合生活新動線

配合空間格局規劃，將管線拉至廚房位置設置中島，完備廚房功能，讓料理更為順暢，另外在天花部份管線外露，簡單與軌道燈排列出簡約線條，讓單調的天花增添些許趣味變化。

水電更新升級，保障
最基本的生活便利

HOME DATA
坪數 ：
屋齡：40 年
格局：

老公寓生鏽漏水的鐵製水管，加上隨時會跳電、漏電的電線插頭，臨山 40 老公寓地現況就是如此，與日常息息相關的水電設備卻讓人格外提心吊膽。從源頭增加住家輸電量，更新所有管線，享受生活最基本的安全與便利。

 改造前管線問題

1. 水電管線老舊不堪負荷

40 年前用的仍是會生鏽的鐵管，除了久了老化漏水令住家更潮濕，喝起來更有健康疑慮；而全室配電量仍維持當年水準線路只有 8 平方，裝修後使用大功率電器恐將造成超負荷危險。

40 年的老舊管線，不管在安全或實用考量下，都無法再繼續沿用下去。圖片提供＿六十八室內設計

移除老舊幹管,從水塔到水龍頭管線全面換新。配合現今用電習慣,加大開關箱,增高輸電量同時細分電線開關機能。圖片提供_六十八室內設計

解決 1

工程手法 ◤ 水電全面更新又升級

設計師向台電申請幹管加大,從 8 平方升至 32 平方,同時更新開關箱,確保輸電量能符合現今住家需求;增設防漏電裝置與電燈總開關,前者保障使用安全,後者則方便居住者出門時隨手關燈。水管部分則是直接從公寓水塔至自家水龍頭全面換新。

設計手法 ◤ 管線內藏地壁簡化線條

透過全室拆除整修,剛好將管線全面更新外,妥善安排規劃。除了天花特意露出部分,其餘皆埋於地面或牆壁中,加大升級的開關箱塗佈白漆後直接外露,自然融入整體簡鍊空間中,日後維修也格外方便

圖片提供_六十八室內設計

更新管線做好隱藏，
打造時尚俐落居所

HOME DATA

沒有廚房的老屋該怎麼辦？由專業瓦斯公司人員新增瓦斯管線，衛浴塑膠冷水管線則更新為不鏽鋼材質，舊電線也全部更新，並透過設計隱藏在抽屜、櫃體內，讓老屋機能更齊全好用。

 改造前管線問題

1. 老屋缺少廚房、餐廳

30 多年的老房子，管線過於老舊之外，由於購屋時為上下樓層打通的住宅，因此原本只有三房一廳的格局，如今因年輕人成家要重新整修，考量日後使用的便利，還得納入餐廳、廚房的規劃，必須新增水電管線、瓦斯管線。

老屋原本僅有臥房配置，沒有廚具、餐廳，水電、瓦斯配管都要新增。圖片提供＿磨設計

圖片提供 _ 磨設計

解決 1

工程手法 ✎

專業人員負責瓦斯管線新增

除了將冷熱水管全更新為不鏽鋼管之外，瓦斯管線的新增部分則必須由屋主自行向當地瓦斯公司申請，因施工流程涉及安全環節問題，並非一般水電師傅可安裝，瓦斯公司也會依據設計師提供的新增位置評估是否可行。

設計手法 ✎

互動、宴客都好用的開放式餐廚

拆除一房變更為開放式中島餐廚，與客廳、架高多功能房相互連結，也能隨時照顧小孩，廚房壁面則貼飾與玄關相近的花磚風格，整體風格更為協調，中島櫃體內部預留插座以便收納電器，包括電視牆的設備線路也全部隱藏收在左側抽屜內，保持視覺的整齊與俐落。

圖片提供 _ 磨設計

重新思考管線設備
讓老屋有現代化規格

HOME DATA
正是公的
所為 40年
內是 26坪

新婚夫妻因為預算的考量,決定購入 40 年的老屋來改造,這間老屋除了水管老舊、配電不足,衛浴也有漏水和壁癌,最麻煩的是,因為公寓年代太久遠,沒有配置天然瓦斯的管線,在這樣的條件下,設計師最大的挑戰是,將老屋改造成為一間符合當代生活需求的居住空間。

 改造前管線問題

1. 沒配瓦斯管,廚房和衛浴無法使用瓦斯設備

因為早期老屋沒有拉天然瓦斯管線,因此先前都是用桶裝瓦斯供應瓦斯需求,但桶裝瓦斯體積大佔位置,對現代人而言,不但無法安裝一般瓦斯熱水器及瓦斯爐,使用相當不便安全上也有虞慮。

老屋無法安裝瓦斯熱水器及瓦斯爐。圖片提供 _ 裏優尼客空間設計

2. 給排水管線老舊,埋地維修不方便

原有冷熱水管為鐵製或鍍鋅鋼管,容易生鏽老化造成漏水,而且管線埋在地板內不但破裂很難發現,一但發生問題也要鑿開地面,維修上相當麻煩,因此重拉水管管線。

老屋給排水管老舊且埋地難以維修。圖片提供 _ 裏優尼客空間設計

解決 1

工程手法 ✎ **電子感應爐＋儲熱式熱水器解決**

依照屋主使用習慣，檢視廚房用電量並重新配置電線及迴路，以電子感應爐解決無法安裝瓦斯爐的狀況，並安裝儲熱式水器解決居家使用熱水問題。儲熱式水器被設置在天花板內，開設檢修孔方便日後維修保養。

設計手法 ✎ **開放式空間創造舒適生活場域**

設計師在客廳重新定訂廚房位置，開放式設計創造公共區域的休閒感，同時提升家人的互動頻率；儲熱式水器的定溫功能，可以打開水龍頭隨時都有熱水使用，設計師還將熱水器隱藏在天花板，節省機體龐大體積佔據的空間，使陽台有更多使用空間。

圖片提供 _ 優尼客空間設計

解決 2

工程手法 ✎

水管改懸吊天花預防漏水維修

將原本埋地的給水管改為懸吊天花板上並開維修孔，以後管線出現問題比較容易檢修漏水問題，而且更符合現代居住空間的形態。

設計手法 ✎

隱藏管線創造簡約空間感

由於空間有足夠的天花高度，將管線設備儘可能安排在天花板內，使空間在視覺感上更為簡潔俐落，客廳區域則留出舒適的高度，並運用嵌燈及間接照明營造整體空間氛圍。

圖片提供 _ 優尼客空間設計

PART 3

結構損壞
修復補強，老屋結構更安全

20 年以上的老屋，結構老化損壞，比較常發生的是裂樑、鋼筋外露、地板傾斜、樓板承重狀況，一旦有上述問題都應盡速找專家鑑定、修復補強，否則很容易影響居住安全。

鋼筋外露多半是因為濕氣的關係，造成鋼筋生鏽，例如頂樓防水層老化，雨水日積月累不斷往內滲透，鋼筋就會受潮生鏽，除了先尋找造成生鏽的原因，也得進行除鏽、防鏽步驟。

另外像是樓板過薄的問題，建議可利用植筋灌漿處理，同時儘可能減少新作隔間的重量，選用輕質隔間或是玻璃隔間，避免加重老屋的負擔！

1 裂痕破損

台灣地處高地震帶,超過 20 年以上的房子,在建築物無防震系統下,很容易在牆面、天花、地板出現裂痕,若發生在樑、柱、樓板、剪力牆等結構體上的裂痕,就要小心是否房子的結構受損。如果縫隙寬度超過 0.3mm 以上,且樑柱出現裂縫且呈現 45 度斜向(剪刀裂縫)或有兩條以上裂交叉(交叉裂縫)時,代表結構體的剪刀遭受破壞,建議找結構技師前來鑑定較佳。

☹ 地雷 1 大樑出現斜向裂縫

一般若出現在結構樑上的裂縫或破損,都稱為「結構性裂痕」。若一下子敲到見鋼筋,則表示空氣中溼氣已滲入混凝土中,導致裡面鋼筋生鏽並進而撐破表面的混凝土,會大大降低結構強度,必須再補強處理。

結構樑出現橫向裂縫,經由敲打水泥會掉落,表示已影響結構,必須補強處理。
圖片提供 _ 大湖森林室內設計

危機解除這樣做!

1. 防鏽+砂漿混凝土補修工法

這種方式適用於在處理大樑裂縫時,附著在鋼筋上的水泥很容易鬆動 落,甚至可清楚看見裡面鋼筋。此時必須將所有會鬆動或嚴重受損的水泥全部敲除後,將裡面的鋼筋重新做防蝕處理,才能重新上砂漿混凝土修補。

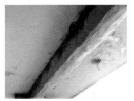

(上)確定欲敲除表面鬆動混凝土範圍,打除鋼筋混凝土保護層至鋼筋面,並將露出來的生鏽鋼筋以鋼刷除鏽,在上面塗刷防鏽劑。圖片提供 _ 大湖森林室內設計(下)再用環氧樹脂砂漿回填粉平至與原有結構面平齊。圖片提供 _ 大湖森林室內設計

2. 低壓灌注補強工法

低壓灌注補強工法為結構技師常見修補樑柱的工法之一。主要是利用大支的注射器，針對結構樑柱或牆壁裂縫進行混凝土和砂漿裂縫的修補。注射器會透過橡皮筋壓力將環氧樹脂以低壓低速的方式注入樑柱裡的裂縫裡填補，使產生原本混凝土和砂漿形成一體化，共同保護鋼筋不使它被雨水或碳酸氣體侵蝕而失去結構功能。

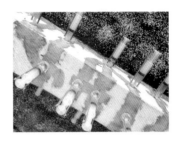

在樑上三面都用注射器將環氧樹脂注入，強化樑柱結構。圖片提供 _ 大湖森林室內設計

低壓灌注補強工法施工步驟

消除表面雜物 ➡ 標示注入孔的位置 ➡ 安裝注入孔的底座 ➡ 從裂痕外表進行密封 ➡ 等待密封劑硬化 ➡ 將藥劑裝入注射筒 ➡ 從注入孔灌入裂縫內 ➡ 等待藥劑硬化 ➡ 拆掉注入孔的底座，磨平表面。

施作這種低壓灌注補強工法之前，要先將破損或鋼筋裸露的樑柱先行補好，再進行施作。圖片提供 _ 大湖森林室內設計

3. 鋼板包覆工法

鋼板包覆補強工法是將二片鋼板緊緊包覆在樑柱體外圍。然後再將兩片鋼板以螺栓方式結合於樑的外圍及樓板層，並以焊接將鋼板固定。而且為加強與待補強結構的粘著強度，必須再打釘鎖螺栓加強。

（左）鋼板包覆補強工法是將二片鋼板緊緊包覆在樑柱體外圍，並透過樓板及結構牆來支撐。圖片提供 _ 綠林創意空間（右）鋼板的鋼釘穿過樓板，並用鎖螺栓固定強化。圖片提供 _ 綠林創意空間

先去除表面的粉刷層 ➡ 打除鬆脫或不牢固的混凝土 ➡ 清除乾淨後，以注射劑修補裂縫 ➡ 將鋼板包覆樑柱 ➡ 在鋼板上鑽孔，施打化學錨栓 ➡ 再於化學錨栓及鋼板邊封口 ➡ 灌注 EPOXY 以結合鋼板與樑柱。

切記！別在樑上洗洞穿孔

房子裡的樑柱為結構體，千萬不能隨意穿孔，會破壞其中承載重量。尤其是現在因安裝空調或是交換空氣機，為走管線而穿孔樑柱是很危險的事情。寧可繞過樑柱，在非結構牆面洗洞穿孔，對居住安全才有保障。

屋內管線最好繞過樑柱，在非結構牆面洗洞穿孔，才不會破壞屋子承載結構。圖片提供 _ 綠林創意空間

4. 水泥砂漿修補強化工程

有時樑柱體產生裂縫，敲打水泥塊後，並沒有看到鋼筋，其裂縫有可能是因為漏水或壁癌引起的表面混凝土破裂而已，對結構並沒有損傷。為避免未來可能水氣仍可能入侵，建議仍是將樑柱用水泥砂漿修補，防範未然。

（左）將樑柱有裂縫處剔除鬆動的水泥土塊，並用水泥砂漿修補，與舊有樑柱補齊平。圖片提供 _ 尤噠唯建築師事務所
（右）補齊抹平之後再粉刷上油漆即完工。圖片提供 _ 尤噠唯建築師事務所

拆除工程後，發現柱體下方缺塊破損。
圖片提供＿采金房室內裝修設計

☺ 地雷 2
柱體出現裂痕或破損

其實樑柱的補強修復方式都大同小異。但相較於樑的裂痕及破損，柱體出現裂痕或破損的結構問題較嚴重。柱體受損的原因有可能是海砂屋或在施工時不慎敲壞等等。一般來說，一旦為確定為海砂屋，為居住安全起見，最好重建。因此若柱體水泥產生自然剝落的情況，建議還是找結構技師測量是否為海砂屋比較實際。

⊕ 危機解除這樣做！

1. 泥作砌磚強化法

由於柱體變成下小而上寬的情況，為了結構安全，在下面空缺處填補紅磚，再用水泥砂漿的泥作工法，讓柱體的承重結構平衡，才不易因為地震來時，下盤空缺而導致傾倒問題產生。

（左）在柱底下方的缺口處填補紅磚磚砌加強固定支撐，並用水泥沙漿將之填滿平。圖片提供＿采金房室內裝修設計（右）最後在表面用白色油漆美化，完全看不出這曾經是有結構問題的柱子。圖片提供＿采金房室內裝修設計

檢視海砂屋，尋找具公信力檢測單位

若想檢測老屋是否為海砂屋時，可尋找各縣市建築師公會，土木技師公會，結構技師公會等相關單位，要注意現行規定氯離子含量不得高於 0.3kg/m2。

各單位定價不一，須視鑑別內容、難易度、工作量、觀測期限、精準度以及要求到哪一個程度等等，都會影響價格。一般檢測費用約新台幣 4000～5000 元，建議事前先詢問費用和鑑定內容，多作比較後再簽約。

落地門窗上方產生裂縫，並使落地門無法
順利開闔，必須更新。圖片提供 _ 大湖森
林室內設計

😖 地雷 3
落地門窗框上出現斜向裂痕

強烈地震過後，從門框或窗框轉角處往牆面延伸出現
的斜向裂痕，則是因為牆面遭受水平向度的外力拉扯
所致。但若是發生連同門框窗框發生無法開闔，或是
鋁窗落地門會有搖晃的可能，很有可能是整個牆面結
構或門窗都產生歪斜，建議拆除更新。

✚ 危機解除這樣做！

1. 更換新的落地門

為了安全起見，建議有那麼大且長的縫隙，會
影響鋁門窗的結構，最好還是拆除更新比較保
險。而且在施作落地門窗時，要注意抓水平，
落地窗更要注意門檻及止水洩水高度問題。

（上）拆除整個落地門框，並將牆面所有表面建材敲除
清理乾淨，同時重新砌落地門的開口，並抓水平。圖片
提供 _ 大湖森林室內設計（下）嵌入新的落地門框，並
用泥作固定，最後用矽利康將邊密封防水。在施作前，
記得內外門檻要做洩水坡，以及雨水倒灌。圖片提供 _
大湖森林室內設計

😖 地雷 4 窗框邊上有裂痕且漏水

基本上問題已不在窗框結構上，而在牆面結構及防水結構上已被破
壞了，很有可能會導致窗戶在使用上也容易卡卡的。建議最好從牆
體防水開始處理，再來更換窗戶，才能做到百分百沒問題。

窗框旁的牆面出現裂縫，並會滲水進來。圖片提供 _ 采金房室內裝修設計

1. 問題牆拆除並更新窗組

將原本的窗框拆除，並將有問題的牆面，例如有漏水的地方剔除表面，打到見磚處，先做完防水後，才來處理鋁窗安裝問題，才能將問題一勞永逸地解決。通常在立好窗框的工序完成之後，在窗框與牆面間的縫隙，應該要先以泥砂漿將縫隙填滿，即俗稱的「塞水路」。

拆除原本鋁窗，並將旁邊有縫隙或有問題的牆面剔除，並做防水修補。
（圖片提供_采金房室內裝修設計）

用泥作為窗框填縫。記得向外窗框要做洩水坡度。
（圖片提供_采金房室內裝修設計）

房子出現什麼樣裂痕要找結構技師鑑定？

並不是所有裂痕的房子，都必須花錢請結構技師來鑑定。因為有的裂痕可能真的已危及房子結構，但也有可能只是樓房因老舊導致表面建材老化造成的輕微破壞，日後再進行修補即可。那麼，該如何判讀震損程度，以採取合適的對策，維護家人安全呢？根據國家地震工程研究中心的資料顯示，將房屋的結構裂痕依危急程度分為 ABC 三級檢視居家環境。

	危險等級 A	危險等級 B	危險等級 C
柱子	鋼筋外露、柱子有連續的 X 形、V 形、倒 V 形、斜向或垂直向開裂	有不連續的垂直向、斜向裂縫	有細小的水平向裂紋
樑	鋼筋外露	有明顯而連續的 X 形、斜向、水平向、垂直向裂縫	有垂直向不連續的裂紋
牆	剪力牆的鋼筋外露；加強磚造房屋的承重牆、鋼筋混凝土建築的隔間牆，整片倒塌、傾斜或大面積掉落。	剪力牆、加強磚造房屋的承重牆、鋼筋混凝土建築的隔間牆，有長而連續的開裂。	剪力牆、加強磚造房屋的承重牆、鋼筋混凝土建築的隔間牆，有短而不連續的裂紋。
樓板	樓板開裂，管線破壞	樓板角隅出現裂縫。	——
解決方案	應立即離開屋內，並儘速通知專業技師前往檢查房屋是否有崩塌之虞。	通知專業技師前來檢查，確認結構是否須修復補強。	不影響結構安全，可自行修補。

2 鋼筋外露

通常超過 30 年以上的老房子，最常見鋼筋外露的問題，探究其原因不外乎有建物施工時樓板混凝土保護層不足、混凝土強度不夠或配比不正確、漏水或濕氣造成的。一旦有鋼筋外露的情況，除了除鏽、防鏽，嚴重的話還要以鋼板補強結構。

😵 地雷 1 漏水導致內部鋼筋鏽蝕

若是樓上水管爆裂而導致漏水問題，通常比較好解決。但因為漏水而導致鋼筋鏽蝕外露，通常已是日積累月下來的成果。原因不外有二：水管小破裂，或是戶外防水失效或有問題，而伴隨而來的也會有壁癌情況發生。

因為屋頂防水層因無保養早已失效，導致屋頂水氣滲至樓板，使得鋼筋外露。圖片提供 _ 大湖森林室內設計

➕ 危機解除這樣做！

1. 戶外屋頂防水工程

一般適用於透天屋或本身居住在頂樓的住戶，建議屋頂防水工程大約每五年要做一次，才不會使屋頂防水在風吹雨淋日晒下容易失效，而使戶外雨水滲入室內，導致樓板或樑柱的鋼筋鏽蝕，而使結構出現問題。

（上）確定欲敲除表面鬆動混凝土範圍，打除鋼筋混凝土保護層至鋼筋面。並將露出來的生鏽鋼筋以鋼刷除鏽，在上面塗刷防鏽劑。圖片提供 _ 大湖森林室內設計（下）除了屋頂全面做防水塗料強化外，並加強屋頂的排水機能。圖片提供 _ 大湖森林室內設計

2. 室內用環氧樹脂砂漿補修＋瀝青工法

室內的部分，由於鋼筋裸露十分大片，再加上挑高空間，又位在山區溼氣重，因此未來若再發生相同情況並不好處理，建議用環氧樹脂砂漿補修＋瀝青工法，徹底處理漏水、防潮及鋼筋裸露問題。

（左）將鬆動的水泥塊清除乾淨，然後用鐵刷了除鏽，接著上防鏽漆、防水漆。圖片提供 _ 大湖森林室內設計（中）上環氧樹脂砂漿補修。圖片提供 _ 大湖森林室內設計（右）最後上一層瀝青材質的防水塗料。圖片提供 _ 大湖森林室內設計

3. 鐵皮浪板包覆工法

雖非為住頂樓，但因為樓上已無人居住，卻發生漏水問題導致鋼筋外露，為避免情況更嚴重，可先為裸露鋼筋做防鏽處理，並用鐵皮浪板將樓板包覆起來，將水氣斷絕，也可強化樓板結構。

（左）將樓板鬆動的混凝土清除，至鋼筋露出，接著進行除鏽及防鏽處理，天花架再以C型鋼架做支架固定，強化天花結構。圖片提供 _ 尤噠咔建築師事務所（右）用鐵皮浪板封住，以免未來仍發生天花板混凝土掉落情況。圖片提供 _ 尤噠咔建築師事務所

鋼筋外露最常發生在家裡的浴室或廚房的天花樓板上。圖片提供 _ 天涵空間設計

😖 地雷 2
因濕氣導致鋼筋外露

想要知道自己家裡是否有鋼筋外露的情況,其實只要打開浴室或廚房的維修孔,馬上就會知道了。尤其是超過 30 年的老房子,無論結構體為何,很容易發生因為溼氣導致鋼筋外露的問題。若居住在山邊或海邊等潮氣更重的地方,甚至 20 年不到就有這個問題產生。

🧑‍⚕️ 危機解除這樣做!

將鋼筋鏽蝕部份以鋼刷將鬆脫物刷乾淨。圖片提供 _ 天涵空間設計

鋅粉漆作防鏽處理。圖片提供 _ 天涵空間設計

1. 塗佈鋅粉防鏽漆處理

因為溼氣導致鋼筋外露最常發生在家裡密閉無窗或不通風的浴室或廚房等地方,因洗澡及其他原由所產生的高度水氣,長期浸潤天花板上的混凝土樓板間,很容易讓水分滲透到混凝土中的鋼筋,造成生鏽。如果鋼筋鏽蝕的不嚴重,一般會將鏽蝕部份以鋼刷將鬆脫物刷乾淨,再塗佈環氧樹脂底漆或是鋅粉漆作防鏽處理,再以環氧樹脂輕質砂漿進行修補。

(左)再以環氧樹脂輕質砂漿進行修補。圖片提供 _ 天涵空間設計
(右)建議完工後最好在浴室安裝排風乾燥機,以保持浴室乾燥,相對也能大大減低水氣滲入天花造成鋼筋鏽蝕問題。圖片提供 _ 天涵空間設計

☹️ 地雷 3 樓板混凝土保護層不足

早期建商施工時，會綁兩層方型網狀鋼筋並在底下墊高，讓鋼筋置於混凝土中央，待灌漿後，使混凝土表面會與鋼筋保持 5～8 公分的厚度，這便是保護層。如果在灌漿過程因重量或砂漿比例不對，導致保護層低於 2 公分以下，鋼筋很容易因混凝土咬不住剝落而裸露在外，導致生鏽。

樓板混凝土保護層不足所造成的鋼筋裸露。圖片提供＿采金房室內裝修設計

🩺 危機解除這樣做！

1. 用鋼網補強保護層厚度

為加強混凝土對鋼筋的保護層，可先除鏽，並上防鏽漆處理後，再補上鋼網或表面鋪貼防水布，再鋪上保護面材如水泥沙漿，或抗水防潮性板材或塗料即可。

（上）敲打除鏽後，再上防鏽漆處理。圖片提供＿采金房室內裝修設計（下）補上鋼網然後鋪上保護面材的輕質水泥沙漿或環氧樹脂。若是浴室，則建議再上一層防水漆較佳。圖片提供＿采金房室內裝修設計

如何區別鋼筋外露是因潮溼或海砂屋引起？

所謂海砂屋，簡單說在興建過程中，水泥加入海砂製成的混凝土，導致海砂中氯離子侵入混凝土增加腐蝕的機率，尤其當氯離子遇水，會使鋼筋上造成電化學反應，促使鋼筋生鏽。一旦生鏽，含腐蝕生成物的鋼筋體積會膨脹到三至七倍，進而擠壓周遭混凝土塊，從而導致混凝土崩落，露出裡面的鋼筋。由於建物的氯離子高，只要一碰水就會對鋼筋進行化學反應，使得必須一再修補，花費不貲，這就是為什麼大家對海砂屋避之唯恐不及的原因。

根據采金房室內裝修設計設計總監林良穗表示，並不是鋼筋外露就一定是海砂屋，也有可能是潮溼，或是樓板施工不良所引起的。若買賣房子時可以就鋼筋外露只在局部出現，或是全屋都有來做初步判斷，若後者則海砂屋的可能性很高，建議最好請賣方出視證明，或是請專家來檢測，以維護建築物安全。

3 歪斜

通常會造成房屋傾斜或歪斜的原因，除了地基不良外，多半是地震所引起的。地震水平拉力拉扯到建築，再加上建築沒有足夠的抗震力，使得牆面歪斜或是整棟建築傾斜，又或是因為地震導致土壤液化，也會使建築傾斜。另外地基下陷也會造成整體結構傾斜。想要簡單檢測家中是否有傾斜等問題，可利用球體放在地板上觀察球是否滾動，一旦滾動，表示地面有斜度。另外也可以利用水平儀，測量房屋窗框是否有達到水平，這兩種方法都是簡單測驗出房屋是否有傾斜的問題。

😖 地雷 1 地板歪斜不平

若地面傾斜幅度並未有安全之虞，但家具擺放或生活裡面能感到的話，建議在進行地板工程時，地板需重新抓水平並架高地板，使地面高度一致，再進行後續的施作。

地不平使得地磚鋪設容易膨拱，行走其上呈現空心。圖片提供_采金房室內裝修設計

地板歪斜，光同一空間門檻高度左右兩邊即差 2 公分之多，整個室內差 10 公分之多。圖片提供_采金房室內裝修設計

1. 高度落差大，用泥作拉平

基本上老房子多有地不平現象發生，若是位在山坡地，則房子不平或傾歪狀況更為明顯。若是地板明顯傾斜很多，或是原始地板即不平導致地磚容易出現「膨拱」現象，甚至出現地板因擠壓破裂，建議最好用泥作全面施作，拉齊地板水平。

（上）將地板面材剔除，然後全面鋪設水泥施作。左右高度依牆上的墨線為準。圖片提供 _ 采金房室內裝修設計
（下）泥作完即可貼磚，貼磚時也可用水平儀檢視地板水平情況。圖片提供 _ 采金房室內裝修設計

2. 水平差異不大，可用防水墊墊高

若是地板傾斜的差異不大，其實有很多方法可以抓平，例如用木地板墊高，或是在施作木地板時，底下可用吸音墊或防潮布墊高。

（左）用木地板底下地墊填補地板傾斜的差異，也是辦法之一。圖片提供 _ 采金房室內裝修設計（右）鋪完後，全室地板齊平。圖片提供 _ 采金房室內裝修設計

進行建物安全鑑定

若擔心建築傾斜會造成生命威脅，可向建築師公會或結構工會等申請建物安全鑑定，確認整體建築的結構是否適合居住。另外，若是想在老屋上方新增建築，也必須請專業技師進行結構鑑定，一般的鑑定費用多在新台幣 3 萬元左右。

☹ 地雷 2 門楣歪斜

傳統老房子在施作門楣時，只是運用磚造直接卡門框上去，因此一旦發生地震時，門框容易歪斜而不能打開。因此若能在門上加一門楣，做結構強化，再放入門框時，就再也不怕地震了。

傳統老房子的門柱只靠磚塊支撐，卻沒有結構，一旦地震來時，門框容易被擠壓變形。圖片提供＿采金房室內裝修設計

⚕ 危機解除這樣做！

1. 放入一體成型的水泥眉樑

門與牆之間，若沒有支撐力，很容易因為地震而導致門框變形。因此運用牆的支撐力來強化門框眉樑的堅固性及強度，可以運用一塊 H 型鋼構架或是一塊一體成型的水泥柱放在門樑上強化即可。

可用一塊一體成型的水泥柱放在門樑上強化門框的結構。圖片提供＿綠林創意空間

2. 善用鋼構門框支撐

除了水泥柱外，其實現今大門所使用 門或鋼門、不鏽鋼門等等，本身即是很好的結構支撐材料。施工方法也很簡單，先依水泥門框的大小，嵌入不鏽鋼門框，然後在水泥牆鑽孔上螺絲，接著焊接不鏽鋼門框跟螺絲，這樣就可以固定不鏽鋼門框了。最後再用泥作將門框與牆的縫填起來即可。

依水泥門框的大小，嵌入不鏽鋼門框，而不鏽鋼門框本身也有支撐力，可以防震防火。圖片提供＿采金房室內裝修設計

4 蛀蟲

由於板材採低甲醛的關係，使得裝潢蟲害問題也漸漸浮出檯面。除了眾所周知的白蟻之外，還包括木蠹蟲（也稱粉蠹蟲）、囓蟲、姬薪蟲、背圓粉扁蟲、瘦蚋、煙甲蟲、跳蟲，常因新建裝潢或家中漏水過於潮濕而出現在居家中。其中又以木蠹蟲及囓蟲最為常見。像是囓蟲，又叫書蝨，易茲生在潮溼環境裡。至於木蠹蟲則好隱藏在木地板或海島型木地板裡。不過危害最大的還是白蟻，喜愛於木頭與水泥交接處築巢，如窗台或門框，嚴重時會造成房屋倒塌。

😖 地雷 1 白蟻

房屋建築也容易遭受白蟻入侵，其破壞力無論是磚頭、木作或牆壁都無一避免。尤其有翅成蟲還會由通風口進入大樓，在管道間或是濕度較高的空調主機室、浴廁間築巢。

白蟻最喜歡在木頭與水泥交接處築巢，尤其是天花板內。圖片提供 _ 天涵室內設計

🧑‍⚕️ 危機解除這樣做！

1. 拆除後施工前全面消毒

基本上要消滅白蟻，就必須建構讓白蟻不會進入的環境。而且白蟻並非將蟻窩搬走就不會再有，其蟲卵很有可能隱藏在磚牆中間。因此站在裝修的立場及流程裡，在拆除工程後，最好請專業的消毒人員進場徹底消毒一次，特別是隙縫間及牆角處。

在拆除工程後，要請專業消毒人員進場消毒除蟲一次。圖片提供_ 采金房室內裝修設計

2. 在板材進場時再消毒

只是做一次消毒工作並不夠，尤其是現在建材都採用低甲醛產品，很容易會有蟲卵隱藏在板材之中，尤其是柳安木、松木及杉木等都是白蟻最愛的食材，因此建議在板材進場時，最好現場再消毒一次。

第二次消毒工作主要針對管線孔洞及板材等。圖片提供／采金房室內裝修設計

建議完工後，屋主入駐前最好再做一次消毒工作，還可以做光觸媒殺菌。圖片提供 _ 得比室內設計

在山區且潮溼環境下很容易滋生成群的書蟲，躲在屋桿及天花板之間。圖片提供 _ 得比室內設計

地雷 2 嚙蟲

嚙蟲又叫「書蟲」，喜歡陰暗、溫暖、不受干擾的環境。通常在陰暗、濕度高的新建房屋或久未使用的房間常會造成嚙蟲成群旺盛繁殖，因其水分不容易蒸發，容易引起黴菌的生長而引來嚙蟲取食。尤其是在山區的住宅更容易出現。

危機解除這樣做！

1. 拆除後消毒，並安裝 24 小時抽風機保持乾燥

想要防治嚙蟲是一件相當困難的事，因為嚙蟲的發生主要是環境溫濕度過高引起，因此對抗嚙蟲的最佳方式即是要降低被為害的物質和房間的濕度，以預防黴菌生長，杜絕嚙蟲食物來源。最好能利用風扇和空調來使相對濕度控制在 50 ～ 60% 間，且溫度在 20 ～ 22℃間可以協助降低嚙蟲的族群。

拆除全室後請專家來消毒，並在設計時，在走道前後安裝 24 小時吊掛式電扇或抽風機保持室內乾燥。圖片提供 _ 得比室內設計

圖片提供 _ 李齊怡

☹ 地雷 3 粉蠹蟲

木蠹蟲多半以蟲卵方式隱藏在低甲醛的夾板內，通常裝潢後半年到1年就會出現。木蠹蟲會從夾板層到木地板表面，一邊吃木材裡面的澱粉，一邊挖洞爬出來。而木板上蟲孔旁上的粉塵，其實是蠹蟲的排泄物。

⊕ 危機解除這樣做！

請板材商將所有夾板先做高溫殺蟲的熱處理。圖片提供／得比室內設計

1. 請廠商先將夾板高溫殺蟲

消費者可以請板材商將夾板先做高溫殺蟲的熱處理，或是改用不需使用夾板的超耐磨木地板。

2. 若已發生可除蟲菊注入蟲洞

如果家裡的木地板上已發現有木蠹蟲的蹤跡，可將除蟲菊、畢芬寧等農藥10：1稀釋後，用針筒注射到蟲孔裡，並讓液體流入整個隧道。同時也要注射那片木材的4個邊。最後，蟲洞再用木器修補筆填起來，再刮除表面多出來的蠟。

圖片提供 _ 李齊怡

Plus!
透天厝、街屋

結構修復大不同

透天住宅跟傳統公寓在建築結構上的差異是，隔間牆面有些具承重功能，拆除之前最好要先請專家評估，另外也因為獨棟的老屋多半面臨外牆修復、頂樓漏水等較多的結構狀況，翻修費用相對會高出許多。

差別 1.

💔 可不可以把隔間牆都打掉

圖片提供 _ 綠林創意空間

相較傳統公寓的隔間牆因非結構牆面，因此多半可以異動。但許多老屋都屬於狹長型的街屋形式，因此傳統室內格局容易造成狹窄幽暗的情況，所以許多人在翻修時會選擇將全部老舊的隔間牆拆除，重新配置符合使用需求的隔間型式。建議最好在施工前注意部分隔間牆是否具有結構承重的功能，擅自敲除可能造成結構毀損問題，因此在事前規劃時應審慎評估房屋結構形式及樑柱關係，才可避免日後造成二次傷害的情況發生。

解決方法

確認是否為承重牆

台灣有許多連棟式街屋或透天厝，因此其結構體是由第一棟串聯至最後一棟，因此樑及柱是確定不能做任何損壞的。其次則是連續壁及樓板也最好不要隨意做開口（門窗）的動作。再來則檢視此牆是否為承重牆，若是也不能做更動。

圖片提供 _ 綠林創意空間

💔 平平 30 多坪，老公寓與透天裝潢差一倍？

老屋翻修與房屋新建不同，其因在於老屋必須先將舊有結構堪慮的部分修復至安全的狀態，另外需考慮舊有裝潢拆除及舊有水電管線更新、牆面補強防漏等修繕，因此在老屋翻修預算須準備得較充足，如一般新屋裝修每坪約 2 ～ 5 萬，老屋可能預算須提高至每坪約 6 萬元以上，而透天房子還有頂樓防水要處理，因此預算甚至提高至每坪約 8 萬元以上。若有結構問題，則還必須請結構技師處理，則費用另計。有的透天厝還要做表面清洗工作或拉皮工程，費用也另計。

解決方法

只做基礎工程＋活動家具

以相同坪數來計算，如果老公寓大約 200 萬元可完成裝修，透天厝大約要花至 400 萬元以上，因此建議透天厝的裝修比例不妨將費用花在結構安全及基礎工程上，並用些簡單的油漆或以比較具創意的復原方式，則預算則會大幅降低。

有些透天房子還必須考量外觀拉皮及屋頂防水問題，裝修費當然更高。

圖片提供 _ 大湖森林室內設計

植筋灌漿、
二次除蟲噴藥，
老屋好堅固

HOME DATA
建築形式：透天厝
屋齡：45 年
坪數：46 坪
（不含陽台）

長達 45 年的老房子，除了大量的木裝潢之外，爺爺的畫作、墨寶竟然也被白蟻蛀蝕，現場丈量時也赫然感受到樓板的搖晃！當務之急就是每個樓板重新植筋灌漿，也都做好防水，加上從結構體到板料的雙重噴藥處理，加強老屋的結構。

✖ 改造前結構問題

1. 樓板過薄會晃動

老屋的樓板過薄，早期樓板厚度大約才 12 公分，實際現場丈量的時候，行走期間甚至會有輕微的晃動情形，但是新法規規定樓板至少需要 15 公分。

2. 濕氣導致木結構孳生白蟻

由於 40 多年皆從未翻修過，老舊透天厝也是大量的木隔間、木窗，白蟻問題相當嚴重，挖出 10 幾個比網球還大的白蟻窩，多處地面也都可見蟻卵。

很多老房子都會面臨樓板太薄的問題，結構必須重新做補強。圖片提供 _ 力口建築

早期木裝潢加上若住宅潮溼且久無整修，很容易會有白蟻侵蝕的問題發生。圖片提供 _ 力口建築

解決 1

圖片提供＿力口建築

工程手法 ✎

植筋灌漿強化樓板結構

將地面結構拆除至見底，待配管結束之後，兩側隔戶牆面分別植鋼筋，每個樓層皆重新灌漿，在灌漿之前也先做防水補強，並運用工型鋼補強樑柱體，提高老屋結構的穩固與安全性。

設計手法 ✎

玻璃隔間減輕承重負擔

為減輕對老屋結構體的負擔，設計上盡量使用玻璃、木作等輕質隔間，像是二樓主臥房衛浴、更衣間皆運用茶色玻璃構築，亦可達到透光的效果。

解決 2

工程手法 ✎ **全室結構體、板料除蟲噴藥**

除了無法更動的牆面之外，全室拆除至見紅磚牆，結構體泥作粉刷之前，先進行第一次的除蟲噴藥，待泥作粉刷結束、乾燥約一週的時間，接著木作下角料後、尚未封板之前，再做第二次全室除蟲噴藥。

設計手法 ✎ **天窗提升全室日光亮度**

三樓新增天窗採光，改善長型老屋陰暗的狀況，書房隔間同樣運用玻璃材質，減緩對樓板承重的壓力，包括樓梯也改為鏤空鐵件結構，讓全室皆可獲得舒適明亮的日光。

圖片提供＿力口建築

鋼板補強、
新舊木材噴藥，
徹底消滅白蟻

HOME DATA
建築形式：透天住宅
屋齡：40 年
坪數：44 坪
（不含庭院、陽台）

閒置 20 多年的透天老宅，拆除過程中發現白蟻蟲蛀侵蝕天花、木窗，於是設計師將二樓以木桁架屋頂呈現，並以鋼板補強舊有結構，新作角材、門窗蟲蛀修補噴灑藥劑。

改造前結構問題

1. 木樑、木窗框嚴重白蟻侵蝕

兩層樓的 40 年透天住宅，屋頂是木構造結構，原本二樓設計為平頂天花，拆除後赫然發現白蟻蟲蛀問題非常嚴重，木樑結構安全堪憂，有些木門框也都被蟲蛀破裂。

屋頂漏水加上木構造屋頂的關係，木桁架都被白蟻蛀了許多大小孔洞。圖片提供 _ 力口建築

達人解決這樣做 ▶ ▶ ▶

解決 1

圖片提供 _ 力口建築

圖片提供 _ 力口建築

工程手法 ✎

選用防蟲角材、噴灑藥劑

屋頂木桁架榫接處以鋼板補強，同時捨
棄天花板施作，避免未來漏水或蟲蛀都
不易發現，門框、窗框蟲蛀部分修補，
新作木作角材則選用防蟲角材或噴防蟲
藥劑，全室木窗框、木門框、木桁架屋
頂也都噴灑藥劑。

設計手法 ✎ **微調保存老屋回憶**

老屋翻修主要是為了讓長輩回到老家居
住，一方面則是逢年過節家人團聚使用，
考量整體預算關係，二樓維持原有格局，
並於樓梯旁加裝玻璃扶手增加安全性，
著重舊有結構的修復與重整，讓老屋保
有舊時代的生活溫度。

塗刷紅丹漆、水泥砂漿填補，穩固老屋基礎

HOME DATA
建築形式：公寓
屋齡：37 年
坪數：25 坪

受到長期頂樓漏水濕氣侵入的影響，老房子浴室的鋼筋受到破壞，幾個地方可見外露情況，由於狀況不算嚴重，只要將鏽蝕刮除、塗佈紅丹漆，加上屋頂的防水層也重新施作，老屋就能住得久！

❌ 改造前結構問題

1. 浴室天花板鋼筋外露

由於頂樓漏水產生的水氣，長期浸潤混凝土樓板，讓水分滲透到混凝土當中的鋼筋，逐漸造成生鏽、混凝土剝落，形成所謂的鋼筋外露。

水泥長時間吸收水分，就會造成鋼筋慢慢氧化、脆化，進而受潮鏽蝕。圖片提供_磨設計

達人解決這樣做 ▶▶▶

解決 1

圖片提供 _ 磨設計

工程手法 ✎

紅丹漆防鏽避免再次氧化

將生鏽腐蝕的鋼筋塗刷紅丹漆，避免再與空氣接觸產生氧化，並且等待完全乾燥之後，再重新以水泥砂漿填補修復剝落的區域，最後才進行天花板施作、上漆的工序。

設計手法 ✎

整合格局換來明亮舒適大衛浴

老公寓原本配置兩間衛浴，但是空間都過於狹窄，使用起來反而不舒服，經設計師建議與評估過後，兩間衛浴合併為大浴室，還可以容納獨立浴缸，其中原有的一處入口也並未全然封閉，局部嵌入透明、彩色玻璃磚，既透光又兼具裝飾效果，更運用混凝土砌出洗手檯面，搭配仿石材磁磚、類水泥地磚，展現自然質樸的調性。

圖片提供 _ 磨設計

重砌牆面、鋼法補強
延長老屋壽命

HOME DATA
建築形式：電梯大樓
屋齡：27 年
坪數：30 坪

原以為看似乾淨的舊大樓住宅，沒想到拆除後驚險重重，埋管線的牆面鬆動、牆與牆之間有嚴重裂縫、天花樓板有鋼筋外露等結構性問題，另外還有嚴重的白蟻，這些都是翻修前必須優先處理的工程。

改造前結構問題

1. 天花樓板鋼筋外露

由於是 37 年房子，在浴室或廚房上方，很容易因為管線漏水，或是長期水氣上升至天花板內無法排出，導致天花樓梯內的鋼筋因鏽蝕而出現水泥鬆動崩落的情況。若不處理，溼氣會沿著水泥縫隙讓鋼筋腐蝕更嚴重，而破壞房子的支撐結構。

拆除天花板後可以看到廚房上方有些許鋼筋外露鏽蝕。圖片提供 _ 采金房室內裝修設計

2. 埋管線的牆面鬆動

由於本案已四度易手屋主，尋找廚房與浴室的冷熱水管時，發現牆面內的新舊管線錯綜複雜，甚至有些還因為多次管線施工，導致原本的磚牆結構已被破壞，出現鬆動搖晃的危險。

在廚房與公浴牆面佈滿第一任至第三任屋主所施做的新舊管線，已將磚牆結構破壞。圖片提供＿采金房室內裝修設計

3. 牆與牆之間嚴重裂縫

走廊通往孩童房的端景牆，發現牆面有嚴重裂縫，經勘查發現，之前在砌牆隔間時，兩道牆並沒有做磚與磚之間的交叉接縫，使這兩道 L 型牆之間是斷裂的，若發生大地震，牆面容易產生倒塌。

可以明顯看到走道牆與後童房的牆面並沒有交疊咬合，當地震來時容易倒塌。圖片提供＿采金房室內裝修設計

4. 白蟻深入牆面縫隙裡

在未拆開之前，已可以在主臥室的門框上發現白蟻的蹤跡。等全戶拆除完後，發現幾乎天花板上的牆角邊幾乎布滿了白蟻的路徑及巢穴，雖不至於影響屋子結構，但也已嚴重影響未來生活品質。

在樑柱與牆的縫隙中可以明顯看到白蟻的巢穴。圖片提供＿采金房室內裝修設計

達人解決這樣做 ▶ ▶ ▶

解決 1

照片提供＿瓦金居室內裝修設計

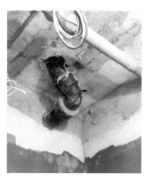

將鋼筋外露的地方剔除，並做
除鏽及防鏽工作，再用具有防
水特性的 Epoxy 填滿，阻止與
空氣及水的接觸。

工程手法 🔧 天花樓板防鏽＋ Epoxy 處理

原本擔心是海砂問題，幸好鋼筋外露的面積不大，只
出現單支單支的情況，並只發生在餐廳及廚房交界處，
因此只需要將裸露的鋼筋用鋼筋鏽膜轉化劑做防鏽處
理，並上水泥砂漿覆蓋，讓鋼筋不再跟空氣或水氣接
觸腐蝕即可。

設計手法 🔧 造型天花界定空間

處理完天花樓板的鋼筋外露問題後，再運用造型天花
設計區隔出餐廳及客廳的空間界定，並結合旋轉電視
牆，滿足生活機能。

解決 2

工程手法 ✎ 拆除牆面重砌再拉管

廚房與公共衛浴的牆面，因為十多條新舊管線的切割，使得牆體支撐已被破壞，為安全起見，建議最好拆除，並重新用紅磚砌新牆，再配置管線，才能確保未來使用上的安全。

將舊牆拆除後，重新砌一道新的磚牆，並重新配管。

設計手法 ✎ 善用樑柱衍生收納

在餐廳做造型天花，並沿著從餐廳通往廚房的樑柱下，規劃為電器櫃及收納櫃體，不只達到修飾壓樑的問題，也創造出豐富的機能。

圖片提供 _ 采金房室內裝修設計

解決 3

圖片提供 _ 采金房室內裝修設計

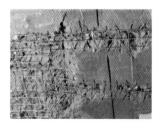

運用鋼網及ㄇ形鋼釘,將兩面牆連結起來,再用水泥砂漿補平,最後上油漆即可。

工程手法 ✎ **鋼網＋ㄇ形鋼釘連結強化裂縫**

牆與牆之間沒有連結,導致各自結構獨立的問題,即使用水泥及油漆掩蓋住,但其實只要發生地震,很容易產生裂縫。若不能打掉重砌,可以利用鋼網加ㄇ形鋼釘將兩面牆連結起來,強化彼此的結構。

設計手法 ✎ **圓弧天花修飾樑位**

經由鋼網補強化,小孩房入口處的牆面與走道端牆形成連結,就不怕地震了。一方面透過圓弧天花設計,輕量化小孩房壓樑問題。

工程手法 ✎ 白蟻深入牆面縫隙裡

雖然白蟻深入牆面築巢並不會影響 RC 房子結構
問題，但卻會造成生活上困擾，因此還是必須根
除才好。以本案為例，除了在拆除時全面將蟻巢
挖除外，並在第一次拆除完時，做全面殺蟲清毒
工作，待所有板材及角料進場時，在施工現場再
做一次清毒工作以確保。

板材進駐施工
現場再進行第
二次除蟲清毒
工程。

設計手法 ✎ 異材質立面隱藏衛浴入口

主臥與衛浴間牆面運用木皮與茶鏡交錯，為空間
帶來視覺趣味感，也有放大視覺的效果，同時設
計隱藏門於其中，化解動線面對床舖的尷尬。

圖片提供 _ 采金房室內裝修設計

強化骨架鋼樑，
50年透天厝
轉生明亮現代宅

HOME DATA

建築形式：連棟
長型透天屋

屋齡：50 年

坪數：60 坪

屋齡已快 50 年的透天厝，長時間沒有翻修，屋況破舊不堪，最可怕的是拆除時，發現三樓樓板下方的一根主樑出現看似嚴重的龜裂現象，令屋主對未來的居住安全憂慮不已，因此設計師從加強結構安全開始，進而改善室內採光、通風、動線及格局，增加居住舒適度，徹底解決老屋問題！

❌ 改造前結構問題

在二樓天花，二樓樓板下方的一根主樑出現不小的龜裂現象。圖片提供＿綠林創意空間

1. 三樓樓板下方主樑龜裂

原本一樓做為店面，因此沒有上天花掩蓋，看來結構相當不錯。但上了二樓住家掀開輕鋼架天花才發現，裡面有一根樑的下方出現嚴重龜裂，幾乎貫穿整個橫樑，其結構令人擔憂。

2. 樓梯動線不佳

傳統的長型透天，其樓梯動線由外部進入，無論就安全性及動線上都十分不便。且之字型的動線規劃，及密閉式設計，容易造成無用的長廊虛坪，浪費坪效使用，更因採光及通風難以進入室內，而使空間容易潮溼，滋生壁癌。

傳統透天厝的樓梯動線設置由門外進入，且採密閉式設計，就安全性及使用性都不便利。圖片提供＿綠林創意空間

達人解決這樣做 ▶▶▶

解決 1

工程手法 ✎

鋼板包覆整支橫樑

檢視後發現主樑只有龜裂，並沒有水泥鬆動或是鋼筋裸露問題，而且全戶只發生在二樓主樑，其他結構都完整無損。因此運用鋼板包覆整支橫樑來強化結構，並且二樓三支結構樑均以相同手法包覆。

用鋼板將整支樑包覆起來，加強結構支撐。圖片提供＿綠林創意空間

解決 1

圖片提供＿綠林創意空間

設計手法 ✎

彈性隔間保有機能與光線

二樓規劃為孩子的活動空間，空間動線依
序是書房、可開放或獨立的多功能和室及
小孩房，彈性開闔的拉門設計有延伸放大
空間的效果，局部採取玻璃材質設計，保
有光線穿透與隱私考量。

圖片提供＿綠林創意空間

解決 2

工程手法 ✎ **更改樓梯方向並做結構強化**

為了將樓梯動線規劃到最適當位置，除了一樓至二樓的樓梯更改方向外，二樓至三樓的樓梯則由建築左側移至右側開口，並在每個樓梯的開口樓板處做結構加強工作。

設計手法 ✎ **梯間下變身儲藏、休憩空間**

一樓樓梯改由從客廳進入兼顧安全，且運用拉門設計讓客廳及餐廳、廚房可視需求採開放設計，讓空間變寬敞，並將一樓樓梯下方規劃為車庫內的儲藏兼鞋櫃。二樓通往三樓則是採取開放式樓梯，梯間下方可做為孩子的休閒活動空間。

圖片提供 _ 綠林創意空間

超厚牆櫃支撐，
老屋併戶住得更安心

HOME DATA
建築形式：公寓
屋齡：40 多年
坪數：60 坪

隨著孩子成長，原本溫馨小巢變得擁擠，需要更多的房間讓孩子獨立，為此屋主買下鄰居房子來擴充格局，並將局部隔戶牆拆除，好讓小屋變大戶，同時二戶空間能有更多互動，但四十年老屋的結構安全性卻不能輕忽。

✖ 改造前結構問題

1. 三個孩子從小同擠一個房間

逐漸長大的小孩需要有自己的獨立房間，但原本住家因僅有 2+1 房的格局逐漸顯得不敷使用，恰巧隔壁鄰居的房子要出售，因此屋主決定買下鄰棟房屋與自己原本住居作合併擴充設計。

鄰棟房子原就有三房隔間，恰可作為孩子房使用，但屋況差及二間房無法交流互動則是最大問題。圖片提供 _ 昱承設計

2. 獨立的二棟房屋缺乏互動性

原本二棟獨立的房屋各有出入大門，該如何整合呢？此外，二棟房子的廚房與餐區雖然比鄰在隔戶牆二側，但隔著牆則阻斷了家人與空間的互動性，格局上也顯得窒礙，使用更是不方便。

各自獨立的出入口與隔戶牆的存在，讓家人被一分為二，造成隔閡感。圖片提供 _ 昱承設計

3. 想拆除隔戶牆又怕結構受損

與鄰居切割界線的牆面稱為隔戶牆，但二屋要合併的話就要拆除隔戶牆，這樣一來雖讓空間的連結性更好，但是四十年房屋在結構上是否有需要特別作強化，這也是屋主最擔心的問題之一。

為了整合二棟單獨存在的住宅格局，希望將部分牆面作打通設計，但又擔心結構問題。圖片提供＿昱承設計

達人解決這樣做 ▶▶▶

解決 1

工程手法 ✎ **隔戶牆局部打通形成室內通道**

設計師先將隔壁房子靠窗處規劃三間小孩房及長親房，至於主臥房則保留在原居處並作加大設計。為營造流暢動線，將二屋中間的隔戶牆作局部拆除，成為打通二戶的室內通道，營造出更為融洽與通透的大格局。

圖片提供＿昱承設計

設計手法 ✎

結構橫樑轉為風格拱門

將二戶之間的隔戶牆局部拆除打通，展現更為通透融洽的大戶格局，實現了屋主喜愛的美式輕古典風格，同時將剪力牆結構的橫樑轉化為二區之間的拱門，更能體現風格語彙。

解決 2

工程手法 ✎ 拆除舊廚房牆面改設早餐吧檯

由於二棟房子的餐廳廚房都在屋中央,所以決定打通局部隔牆來增進室內的互動性,而主餐廳與正式廚房都設在原本住居一側,鄰棟廚房則增設輕食吧台區,並將新的一側大門封住,只保留原本住家的出入大門。

設計手法 ✎ 中西式廚房讓美式生活更完備

打通二戶後,只保留大門在原住處,但由於小孩房全移至隔壁區,使原廚房與餐廳有更寬敞的腹地,除可設置獨立式大廚房與大餐廳外,搭配另一側輕食吧檯則作為早餐檯,營造道地美式風格。

解決 2

圖片提供 _ 昱承設計

解決 3

圖片提供 _ 昱承設計

工程手法 ✎ **巧藉櫥櫃厚度強化外牆結構**

由於是四十幾年老屋，在結構思考上須更謹慎，所以當初設計師決定拆隔戶牆前事先請建築師計算過，決定拆掉 1.2 米寬的牆面作通道，並以約 40 ～ 45 公分厚度的牆櫃作為外牆支撐，同時隔戶牆上方的結構橫樑也不能動。

設計手法 ✎ **美式線條櫃體創造優雅端景**

二戶之間的隔戶牆緊鄰大門區，加上外牆需要有更強力的結構，因此，沿著外牆規劃一道牆櫃，既能強化外牆結構，同時加強玄關收納不足的問題，而美式線條的櫃體更為輕食吧檯區創造了優雅端景。

改樓梯、補強樑結構，迎接寬敞新生活

HOME DATA

建築形式：公寓

屋齡：40 年

坪數：32 坪

（含閣樓）

三層樓的老舊公寓，租賃期間被任意動牆削樑、頂樓漏水導致鋼筋外露，且樓梯動線不合理，經過設計師以 H 鋼架強化樓板承載，以及水泥磚牆的支撐填補，老宅有了嶄新的生命，也獲得寬敞空間、夢幻小閣樓！

 改造前結構問題

1. 鋼筋外露、局部樑被削掉

由於之前租賃給別人做商場，對方隨意拆除原始牆面，導致削掉部分樑的結構體，並且因為樓頂防水已未保養，而容易漏水導致部分天花裸露鋼筋，必須馬上處理。

部分樑結構被削掉，並且因頂樓漏水導致鋼筋外露問題。圖片提供＿天涵設計

2. 樓板結構不同且易漏水

這個頂樓的結構體較與一般不同，除了三樓本身外，樓上還有一間10左右的小閣樓。也因此其天花樓板有一半是水泥磚造，但另一半卻是H鋼構，看起來十分詭異，且接縫處容易漏水產生壁癌。

三樓與閣樓間的樓板為H鋼構，但後半段卻是RC泥造樓板。圖片提供＿天涵設計

3. 沒有獨立樓梯、上下樓動線不佳

因之前是商場的關係，因此樓梯彼此可以串連。但現在因樓上規劃成住宅，因此必須和樓下1、2樓的商用動線做區隔，讓通往三樓有專屬自己的動線，一方面確保出入安全，另一方面也能有效規劃居家動線。

之前的樓梯動線必須繞過別人商場，再回到家裡，十分不合理，且室內的動線也不佳。圖片提供＿天涵設計

工程手法 ✎

L 型 + ∏ 型水泥磚牆支撐填補

由於被削的樑內並沒有結構鋼筋，因此只要將削掉的樑柱補回即可。只是在施工過程中，仍擔憂其樑柱內的磚會因地震或工地震動而鬆動掉落，因此先用臨時 H 鋼柱先頂著支撐，待支撐牆面完工後再拿掉。另想要有效支撐橫樑結構，建議可在其下建構 40 公分厚的隔間磚牆（一般才 20 公分厚）且採 L 型或∏型的磚砌方式來補強。

放樣後重砌結構較厚實的 L 型磚牆（約 40 公分寬）。

設計手法 ✎

半開放餐廚拉大空間視野

大門即為補樑的結構牆面。透過半開放式的餐廚設計，不但拉大空間視野，也增加家人互動連繫的關係，同時也利用入口右側、與樓梯之間配置機能完善的衣帽、鞋櫃，進出使用動線更流暢便利。

解決1

圖片提供 _ 天涵設計

保有原來 H 鋼樑外，並在兩個舊
有鋼樑之間再下一支鋼樑，增加其
承載結構力。

解決 2

工程手法 ✎ 補強 H 鋼架強化樓板承載

三樓 H 鋼架天花上面為一小閣樓，未來會成為孩子
的居住及遊戲空間，為強化之間的樓板結構，因此除
了保有原來 H 鋼樑外，並在兩個舊有鋼樑之間再下
一支鋼樑，增加其承載結構力。

設計手法 ✎ 簡潔線條釋放小宅空間感

簡潔清爽的天花設計、開放式的公共廳區，讓 20 坪
的小空間看起來更寬廣。一方面利用沙發後方增設書
房，加上俐落的鐵件層架創造收納，小空間也能擁有
豐富機能。

將樓梯位移至大門入口處，並下兩
支鋼架支撐，以強化樓梯結構。

解決 3

工程手法 ✎ 更改樓梯動線補強結構

以前因為商場動線，將原本的二樓通往
三樓樓梯封住，因此這次將之打開，並
三樓通往閣樓的樓梯改方向，由現在住
宅大門旁的結構牆上樓，不但使結構更
加穩定，未來家人動線也較親密。

設計手法 ✎ 童趣閣樓注入歡樂氛圍

由於樓上為孩童空間，運用藍色的黑板
磁鐵漆，未來孩子可在此畫畫或貼上
家人照片，營造家庭快樂氛圍。樓梯盡
頭通往孩童房，而另一端則通往頂樓陽
台，透過斜屋頂開口設計，營造閣樓童
趣幻想。

打破半牆遮蔽、全新配管，40年發霉老廚房重獲新生

HOME DATA
建築形式：電梯大樓
屋齡：40 年
坪數：22 坪

受到室內半牆阻隔，導致 40 年屋齡的狹長廚房顯得格外晦暗；地面潮濕、磁磚斑駁老舊，整體烹飪空間更添陰森氣息。透過導入室外光源、地坪重新施作防水手續，讓日光自然灑落，廚房重獲新生！

✕ 改造前結構問題

1. 半牆切斷空間、遮蔽戶外光源

狹長型廚房原本就擁有珍貴的對外窗，卻遭半牆阻隔切斷，非但空間被腰斬，連進入室內的自然光都大打折扣，加上無防水地坪長期處於潮濕狀態，逐漸發霉，而牆面水泥則鈣化長斑、壁磚脫落。

不合理的室內隔間牆不僅切割空間，也是阻礙戶外光源進入家中的主因。圖片提供＿澄橙設計

解決 1

圖片提供 _ 澄橙設計

工程手法 ✎

拆除半牆迎接美麗窗景

在與市政府與管委會確認合法、並非陽台外推之後,拆除原有半牆,讓廚房延伸直達對外窗;再將 40 年老鋁窗更換為上半部景觀窗、下半部氣窗的明亮透氣組合,讓窗戶在風大雨大時不再有恐怖的風嘯聲,亦解決室內光源與透氣問題。

打掉地壁磁磚同時,給排水管線全面換新,最後在鋪設地磚前施作一道防水工續。

設計手法 ✎

借景自然北歐色彩好舒壓

拆除隔間後,大面樹海成為廚房主景,兩側鋪陳湖水綠手工窯變歐洲壁磚與灰藍色漆、六角磚相呼應,底襯灰白色六角地磚。大量運用清淺色調放大視覺效果,同時在自然窗景襯托下,讓人放鬆呼吸的透明感縈繞全室。

圖片提供 _ 澄橙設計

153

陶粒牆隔間取代磚牆，老宅不再酷熱難耐

HOME DATA
建築形式：公寓
屋齡：40 年
坪數：40 坪

原本做為出租套房的老公寓，鐵皮結構既沒有隔音、每到夏天更是炎熱，改用質量輕盈的陶粒牆取代磚牆，加上天花鋪設 10 公分厚保麗龍，隔音、隔熱就能獲得解決。

 改造前結構問題

1. 毫無隔音、隔熱的鐵皮骨架

老公寓原本是作為出租套房，前任屋主採用鐵皮骨架、鐵皮浪板，幾乎沒有隔音、隔熱的作用，夏季酷熱、增高空調的使用量。

分隔多間臥房的老公寓，隔間沒有任何隔音效果，且因為位居樓頂，夏天屋內炎熱。圖片提供 _ 奇拓設計

解決 1

圖片提供 _ 奇拓設計

工程手法 🖊

選用陶粒牆避免加重老屋載重

除結構柱、梯間無法任意變動，老公寓隔間全部拆除，改為
採用預鑄陶粒牆施作，相較於輕隔間，具有質量輕（可浮在
水面上）、隔音隔熱、施工快速等優點，可避免增加老屋的
建築載重。而室內外交界處需先施作止水墩，再將陶粒牆架
設於上方。

設計手法 🖊

老屋蛻變悠閒舒適度假宅

除了以陶粒牆提升隔音隔熱的效能，斜屋頂天花板內也鋪設
10 公分厚的保麗龍，達到抗熱的效果。室內格局重新整頓，
運用百葉折門作為彈性隔間，保有公共廳區的寬敞開闊性，
加上俐落、個性線條與家具陳設，創造出時尚悠閒的度假宅。

陶粒牆是在工廠預鑄完成，
再送至施工現場進行組裝，
兩片銜接處有卡榫，再輔
以水泥砂漿灌注即可。

不鏽鋼紗窗＋南方松木棧板，一網打盡老鼠、蚊蟲問題

HOME DATA
建築形式：公寓
屋齡：35 年
坪數：55 坪

遇到樓下都是餐廳，老鼠經常順著圍牆爬到家中該怎麼辦？！設計師利用不鏽鋼紗窗加南方松鋪設，達到防蚊的效果，同時將光滑的玻璃做在最外層，讓老鼠沒有攀爬點，也巧妙讓陽台化身有如小酒館般的場景。

 改造前結構問題

1. 鄰近餐廳老鼠多、蚊蟲多

這間房子是老公寓的 2 樓，1 樓周邊都是餐廳，房子的後巷則是眷村、雜草叢生的國有地，不但老鼠多、蚊蟲多、油煙味道重，老鼠甚至會沿著圍牆爬到 2 樓。

老屋後方與鄰棟距離非常近，加上沒有圍牆，老鼠很容易從這邊爬上來。圖片提供＿奇拓設計

解決 1

圖片提供 _ 奇拓設計

工程手法 ✎

不鏽鋼紗窗阻擋老鼠與蚊子

為了阻擋鄰近餐廳鼠患與蚊蟲問題，在原有廚房後方沒遮蔽的陽台面裝設不鏽鋼紗窗，避免老鼠咬斷進入室內，同時也把舊管線廢除，重新新增獨立管線接到汙水下水道，阻擋老鼠從管線爬入屋內的機會，管線更一併增加防蟲防風罩。

設計手法 ✎

畸零陽台化身絕美攝影棚

畸零的陽台角落除了外層有不鏽鋼紗窗之外，室內部分則運用南方松木棧板構築，另一側的格子窗也特別將鐵件結構規劃於室內，再次阻擋老鼠攀爬而上，上方則預留透氣孔，保留空氣的流通，結合家具的佈置，瞬間成為屋主需要的拍攝場景。

架設鋼筋、預拌混凝土灌漿，透天老宅結構更安全

HOME DATA
建築形式：透天厝
屋齡：30 年
坪數：56 坪

很多透天厝的門口都是用來停車，但是早期戶外地面的作法結構鬆散，長時間下來磁磚很容易發生破裂，在這個案例當中，日作設計謹慎地打底、架設鋼筋，並找來預拌混凝土車作好灌漿動作，一步步打造堅固耐用的迷你停車位。

❌ 改造前結構問題

1. 前門地板磁磚破裂

透天厝的前門是屋主停車使用，然而早期的門口地面都是鋪設磁磚，磁磚的厚度薄、又滑，加上底下的水泥砂漿結構鬆軟，長期停車的情況下，磁磚就很容易破裂。

磁磚厚度薄，並不適合長時間停車使用。圖片提供＿日作空間設計

158

大門地板在鋪設石材之前先架設鋼筋結構作為骨架，讓地面結構更穩固。圖片提供 _ 日作空間設計

工程手法 ✎

鋼筋鋪設、預拌混凝土提升強度

相較於行走的需求，由於前門主要用途是停車，車子的重量超過上千公斤，加上停車時間久，因此拆除原有地板後，先以水泥砂漿打底，再架設鋼筋加強地面的支撐結構，最後也不能以一般的水泥砂漿填實，而是採取 3000 磅的預拌混凝土來灌漿，強化地面可承受的重量。

設計手法 ✎

反射玻璃留住光線又隱密

前門入口地面經過結構強化之後，改為貼覆大理石材，硬度高更耐用，並拆除老舊的磁磚外觀，轉為採取磨石子與溫潤木造，一方面也將幾個採光開口稍微加大，並運用反射玻璃的使用，讓光線能灑落入內，而外界亦無法窺視屋子內部，保有隱私需求。

解決 1

圖片提供 _ 日作空間設計

159

H 型鋼強化老屋結構，兼具型塑視覺美學

HOME DATA
建築形式：透天住宅
屋齡：50 年
坪數：65 坪

為了賦予 50 年老屋更開闊清新的樣貌，設計師拆除 1 樓室外牆，型塑開放的空間，但已有 50 年歷史的磚造結構，成為這棟透天建築翻新時的一大隱憂；為加強立面結構性，以 H 型鋼型塑出窗景的表情，兼具美學與力學概念，同時成為提供建築在受時間催化，仍經得起變化的結構節點。

改造前結構問題

1. 翻新傳統磚造結構，樑柱配置強度不足

為營造開闊且串連室內外的居家空間，但傳統住宅結構多為簡易梁柱構造與加強磚造，雖有樑柱框架系統，但當室外磚牆拆除時，對結構的剛性會造成影響，尤其大面積磚牆以自身量體的抗壓度，提供樑及柱受力後的抗硬度，若邊樑鋼筋配置不足，易造成樓板晃動的問題。

以簡易樑柱構造及加強磚造搭構的傳統磚造老屋，在翻新變更時要由專業建築技師評估，找出最適合的變更方式。圖片提供_SOAR Design 合風蒼飛設計 × 張育睿建築師事務所

解決 1

透過 H 型鋼結合窗框的開放式設計，串連室內外的無界限空間，讓屋主恣意享受光影變化，也更貼近戶外綠意。圖片提供 _SOAR Design 合風蒼飛設計 × 張育睿建築師事務所

圖片提供 _SOAR Design 合風蒼飛設計 × 張育睿建築師事務所

工程手法 ✎

6 支 H 型鋼樑柱強化樓板承載力

由於拆除大面積室外磚牆，會對結構的剛性造成影響，考量居住安全，必須對結構做補強工作，設計師用 6 支 H 型鋼型塑成支撐樓板的強力支柱，補強因拆除室外磚牆，可能致使樑柱不足無力承載樓板的疑慮。

圖片提供 _SOAR Design 合風蒼飛設計 × 張育睿建築師事務所

設計手法 ✎

H 型鋼結合窗框造型，拉近室內外距離

為了重塑屋主的生活模式，建築師透過 H 型鋼結合窗框造型，巧妙地在強化老屋結構之餘，提供明亮採光通風環境，以無界限的室內外開放空間融入屋主的生活，實踐更開闊的生活場域。

隔間牆粉光水泥、拆除重建，徹底杜絕蟲蟲危機

HOME DATA
建築形式：公寓
屋齡：40 年
坪數：26 坪

40 年臨山住家，圖面商議完眾多肉眼可見的漏水、毀損問題後，終於開始實際進行裝修動作，沒想到拆除開始就得暫停，因為師傅在裸露的磚牆面上看到蟲、蟻、蜘蛛等昆蟲在縫隙間橫行，緊急請除蟲公司進駐，同時拆除、替換隔間材，才能繼續接下來的工程。

改造前結構問題

1. 空心磚牆暗藏蟲蟲危機

完成圖面設計、進行現場拆除工作時，才赫然發現隔間牆都是空心磚，可怕的是各種蟲、蟻、蜘蛛等昆蟲利用住家老舊、靠近山區，以及空心磚結構鬆散縫隙多等原因，藏身在其中。

結構相對較鬆散的空心磚與連接縫隙，成為昆蟲的隱形孳生溫床。圖片提供_六十八室內設計

解決 1

圖片提供 _ 六十八室內設計

工程手法 ✎

除蟲＋水泥粉光杜絕蟲蟻入侵

設計師拆除七成的室內隔間牆，重新使用材質緊實的紅磚替代；而少數留下的空心磚牆，例如廚房後方房間兩道牆面，剔除表面水泥結構後，請專業除蟲公司來處理，在密閉室內釋放半小時煙霧，再閒置一整天即可達到滅蟲效果。最後無論是新堆砌的紅磚或是空心磚，表面塗覆完整水泥粉光與油漆。

設計手法 ✎

清爽留白居家框景入室

以戶外綠意為住家一方畫面，不創造特定風格，簡潔清爽的室內空間是居住者展開全新生活的起始點。開放式設計分享空間與光源，複合活動區旁的大面積黑板漆，給予家人親密實用的圖文溝通連結；廚房旁灰色牆面則是不鏽鋼料理台的延伸，令色彩畫面更加完整。

修整地板、窗框惱人問題，讓住家兼工作室機能更完備

HOME DATA
建築形式：大樓
屋齡：20 年
坪數：24.2 坪

老房子因年月已久，建築結構會逐年老化，這間 20 年的房子亦是如此，出現地坪「空鼓」、窗戶下有裂縫產生外，還有惱人的西曬問題。整體調整後，連帶格局也重新做了配置，讓身兼住家與工作室的空間，使用動線流暢外，也清楚地將兩性質做了切割。

❌ 改造前結構問題

1. 地磚出現膨拱問題

原空間本身就鋪有地磚，由於是早年鋪設，除了本身使用年限已相當長，再者過去的工法未必能適應現今的極端氣後，建材相繼出現老化、膨拱的情況，若不做改善處理日後使用上仍有堪憂疑慮，既然已要裝潢，便建議全數拆除並重新鋪設新地坪材質較為理想。

未拆除地磚前便可清楚看到磁磚出現膨拱情況。圖片提供　RND Inc.

2. 窗框出現裂縫

早期施工方式關係，窗框常常呈現空心情況，再加上當時所使用的外牆磁磚吸水性較低，一旦遇上極強的風壓雨水侵襲，窗框便容易開始出現裂縫，雨水也容易往屋內送，改善方式除了重換窗框、防水亦要做補強。

位在主臥及前陽台之間的牆面鬆動。圖片提供＿RND Inc.

3. 主臥有惱人西曬問題

本案的格局、採光條件均不錯，但仍潛藏著西曬問題，主要的西曬區域就落在主臥一帶，房子牆體在白天吸收了大量陽光熱能，當晚上釋放出來時，室內就會感到很熱，建議可在問題區加強隔熱，讓環境變得更為舒適。

嚴重的西曬問題讓光源熱能自導入室。圖片提供＿RND Inc.

4. 地坪出現不平整情況

地坪不平整很可能觸及人為與環境因素，前者因人為操作量取建築水平軸線，過程中仍可能出現誤差情況；至於環境則很可能受颱風、地震等影響，建築經強烈風吹襲或搖晃下，也很可能出現變化，無論誤差還是變化，非肉眼即能清楚看出。尤以老房子特別容易遇到，本案便是在卸除隔間牆後，發現有地面不平整的情況產生。

卸除地磚後發現地坪出現不平整的情況。圖片提供＿RND Inc.

解決 1

圖片提供 _ RND Inc.

工程手法 ✎

更換新地材改善惱人情況

地磚出現膨拱情況，雖然還沒爆裂開來，但擔心日後使用上安全問題，因此全面將舊地磚重新拆除，為減少此類情況發生，新地材選擇也未將磁磚納入考量，改以水泥粉光、超耐磨木地板為主。

設計手法 ✎

相異材質恰好區隔空間屬性

因空間身兼住家與工作室雙用途，所以在地坪材質選擇上分別以超耐磨木地板、水泥粉光為主，相異材質除了呼應屋主期盼的無印風格外，也剛好清楚地區隔出不同的空間屬性。

圖片提供

工程手法 ✎

新立窗框並加強防水處理

這次除了更換窗框外、防水也重做，另外，設計者也特別在窗框之間填滿混凝土的同時加入混合劑，為的就是要讓混凝土的吸水率極低，一來加強防水性，二來也改善過去的問題。

設計手法 ✎

重整窗戶讓室內維持一貫地明亮

原本空間的採光就很理想，設計師在保留所有窗戶位置後，僅重新立窗框外，同時在防水處理上特別加強，讓窗框不再容易出現裂縫情況，就算出現裂縫，特殊的防水也能有效將雨水做阻隔。

解決 2

圖片提供 _ RND Inc.

圖片提供 _ RND Inc.

解決 **3**

圖片提供 _ RND Inc.

工程手法 ✎

加強隔熱阻斷熱源直導入室

由於西曬問題落於主臥衣櫃一帶，在無法調整外牆結構情況下，設計者選擇從室內牆面做補強，特別在這一帶做了雙層的隔熱設計，讓熱能直導入室的情況有所改善。

設計手法 ✎

利用衣櫃厚度再次改善熱的傳導

西曬處區有一道橫樑經過，在加強該區牆面隔熱外，設計者也依環境條件配置了一大面衣櫃，再次藉由櫃體厚度優勢，讓光源熱能除了經隔熱材做了阻隔，也能依此厚度改善熱的傳導。

圖片提供 _ RND Inc.

解決 4

工程手法 ✎

檢視地板平整性做順平動作

在鋪設新地材前，首先將原地板材質清除，拆除至最底部，再將地平做順平的動作，好讓地板的水平高度能接近一致，而後再進行後續如防水、新地材的施作。

圖片提供 _ RND Inc.

設計手法 ✎

超耐磨木地板替空間引出溫潤感

餐廳區在拆除隔間牆後發現有地面不平整的狀況，相較於其他區此區情況較明顯，設計師盡可能地做了順平動作後，再鋪設超耐磨木地板，使用上不會感到不適，材質也替空間引出溫潤感。

圖片提供 _ RND Inc.

加強水泥、鋼筋結構，45年老屋明亮又好住

HOME DATA
建築形式：公寓
屋齡：45 年
坪數：28 坪

位居頂樓的老公寓，面臨鋼筋外露、水泥風化的結構性安全顧慮，設計師從基底結構開始加強，強化地板、水泥與鋼筋的穩固與安全性，並做防鏽及防水處理，讓 45 年體質的老宅，再迎向另一個 20 年。

✖ 改造前結構問題

拆除大花板後可以看到室內天花樓板的鋼筋外露。圖片提供＿川寓室內裝修設計工程有限公司

1. 天花樓板鋼筋外露

原本裝潢為木板天花，拆除後發現天花板裡面的樓板有大面積的水泥掉落及鋼筋裸露問題，而且鋼筋表面鏽蝕得十分嚴重。所幸鋼筋除了鏽蝕並沒有斷裂，因此結構問題較小，但因涉及居住安全，建議仍要處理為佳，以免未來腐蝕面更擴大。

2. 前後陽台結構勘慮

台灣老舊公寓的陽台結構多半是透過樓板延伸出去的懸臂式建築，再加上多年的壁癌，使得原本的陽台樓板承重可能不太堅固，因此建築法規才不建議外推，也是怕結構支撐不對，造成牆面掉損的公共危險。

老舊公寓的陽台結構、防水及採光都需再檢驗並加強。圖片提供 _ 川寓室內裝修設計工程有限公司

3. 主臥及陽台間立牆不穩

主臥及前陽台中間的立牆，因為長年使用，再加上風吹雨淋，使其產生搖晃危險。檢查後，發現這支柱體只有紅磚沒有鋼筋結構，並非結構體，因此只要敲掉，並重砌固定即可。

4. 白蟻窩進駐腐蝕嚴重

由於之前屋況多用木頭施作隔間及天花板，再加上潮溼，使得此地成為白蟻的溫床。在拆除時，甚至在天花板上發現白蟻的巢穴，令人觸目驚心，也容易造成家具或裝潢的損壞，形成居住上的危險。

位在主臥及前陽台之間的牆面鬆動。圖片提供 _ 川寓室內裝修設計工程有限公司

白蟻多半在櫃子及天花板內。圖片提供 _ 川寓室內裝修設計工程有限公司

解決 1

圖片提供 _ 川寓室內裝修設計工程有限公司

將鏽蝕的鋼筋除去表面的鐵粉
後,再上紅丹漆防鏽。

工程手法 ✎ **塗佈紅丹漆防鏽,水泥砂漿填補**

鋼筋外露的地方附近,將附著但已鬆動的水泥敲打清
除,並將鋼筋除鏽,然後上紅丹漆防鏽,再用水泥與
沙漿以 3:1 的方式塗抹上去,讓水泥咬住鋼筋,使之
不再接觸空氣。

設計手法 ✎ **開放落地櫃展示生活回憶**

平時喜愛蒐集杯子和公仔的年輕屋主夫妻,設計師在
餐廚區為他們精心設計一整面落地展示櫃,妥善地收
藏兩人的生活回憶,成為日常用餐和啜飲咖啡時的美
好端景。

解決 2

工程手法 ✎ **主臥及陽台間立牆拆除重砌**

前陽台落地窗，並與主臥室入口連接的這面牆，因為已出現鬆動的情況，為安全起見，決定整個拆除，再重砌，並做好防水及門檻擋水，以防止未來過大雨勢會流進室內。

將陽台與主臥的牆面重砌，並在陽台與室內交界處，做好架高門檻擋水防雨水倒流進入。

設計手法 ✎ **主臥擴大更加舒適**

拓寬原本狹窄的主臥室，獲得寬敞舒適的休憩空間，床頭背板以溫潤的木質基調打造，帶來自然無壓的氛圍。

圖片提供 _ 川寓室內裝修設計工程有限公司

解決 3

圖片提供 _ 川寓室內裝修設計工程有限公司

前陽台鋪設點焊鋼絲網後,再鋪水泥,再鋪上地磚。

工程手法 ✎ 強化陽台地板結構

由於老舊公寓的陽台都是靠樓板支撐,但 40 年以上的公寓樓板又較薄,為安全起見,建議在陽台剔除見底後,再鋪設點焊鋼絲網做結構加強,做防水,再貼磚,同時在施工過程中別忘了要留排水孔及做洩水坡度。

設計手法 ✎ 玻璃拉門讓光線穿透

將採光最好的位置留給書房,並設置通透的玻璃拉門,讓日光可以穿透,為客廳帶來充沛的自然光線和寬敞視野,再加上屋中原有的天井採光優勢,公領域也更加明亮舒適。

解決 **4**

工程手法 ✎ **消毒防蟲避免蟻卵殘留**

白蟻問題嚴重，甚至在拆除時還發現白蟻窩，因此為了全面清除白蟻，在施作過程中做了好幾次消毒工作，包括拆除之後，工種進場前先做一次全面消毒，等到板材及角料進場時，針對板材及角料再做一次防蟲處理，以避免白蟻蛋卵殘留。

設計手法 ✎ **合宜格局配置創造美好光線**

全室櫃體選用低甲醛板材，同樣經過防蟲處理，45 年的老屋經設計師的巧手整治，從基底結構加強，並因應採光位置做出最合宜的格局配置，讓原本慘不忍睹的老屋煥然新生，成為舒適明亮的現代美宅。

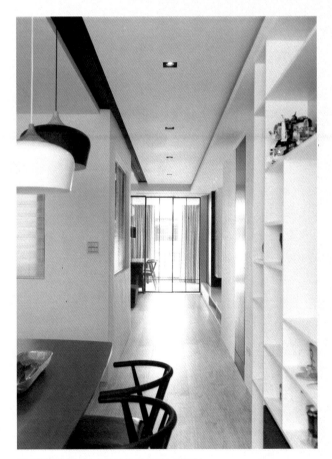

圖片提供 _ 川寓室內裝修設計工程有限公司

調整機能場域、 樓梯轉向， 光線通透的自由動線宅

HOME DATA
建築形式：電梯大樓
屋齡：20 年
坪數：50 坪

將近 20 年屋齡的複合式樓中樓，因為老舊暗沉的建材配色，加上傳統格局機能場域各自獨立的切割方式，牆面與 RC 樓梯層層阻隔光線進入，導致內部顯得格外幽暗擁擠。經由設計師的巧手規劃，調整上下層公私機能，透過樓梯轉向、材質替換，令住家成為明亮自在的舒壓天地。

✖ 改造前結構問題

1. 體積龐大 RC 樓梯成幽暗主因

住家雖然擁有兩層樓面，卻因為機能切割瑣碎密閉，導致家中成員即使身處同一平面卻難以互相交流；加上 RC 樓梯居中阻擋，讓兩面開窗的戶外光源難以互享，老舊逼仄的住家現況，令喜歡邀請親友至家中聚餐的夫妻倆倍覺困擾。

過多的格局切割與 RC 樓梯居中阻擋，讓光線無法自由穿透。圖片提供 _PartiDesign Studio

達人解決這樣做 ▶▶▶

解決 1

圖片提供 _PartiDesign Studio

工程手法 🖊

鏤空鐵梯原地重建，注重結構與支撐

PartiDesign Studio 曾建豪建築師在拆除原有 RC 樓梯前，與結構技師仔細確認無礙後才正式動工，於原地拆除重建、不動樑柱，將影響降到最低。施工過程中，同時檢查樓板內部狀況；選用鐵件烤漆搭配木踏面作新樓梯材質，達到鏤空透光效果。樓梯與膠合玻璃空橋除了上下接點、更多了旋轉電視柱支撐，左右兩側固定相鄰橫樑上，達到水平與垂直結構完美平衡。

設計手法 🖊

玻璃空橋＋鏤空 L 型梯，雙倍採光大加分

安排樓下為純粹的公共空間，並將原本臃腫的 RC 樓梯換成輕巧結實的鐵件烤漆材質，搭配玻璃空橋與鏤空結構，同時結合旋轉電視柱，讓原本只有單一機能的大型量體華麗變身，成為纖細低調的住家中心所在，援引兩個樓層的戶外光源，給予空間兩倍的明亮舒適。

PART 4

設備
設備更新，老屋住得好舒適

相較於新成屋，老屋多半有棟距過近、隨意加蓋的問題，因此即便有開窗，也無助於光線和通風，甚至若是長型的格局，採光和空氣對流會更差！

其實只要透過格局的微調，並且藉由萬全的設備計畫，例如：內退陽台搭配氣密窗輔助，鄰近市場、商圈的噪音問題就能迎刃而解。另外，裝設全熱交換器、抽風扇等設備，加上透過彈性開放隔間的設計，讓前後產生對流，也會有助於改善老屋空氣流通，改善居住的生活品質。

1 環境條件不佳

老屋環境不佳問題,最常發生在熱鬧的都市區,由於房子多是鄰近街道而蓋,加上毫無節制的蓋房,因此缺少適當的棟距,造成此類老屋多有噪音與空氣不流通問題,由於地理環境無法改變,此時只能藉由現代設備,改善環境缺點,提高居住舒適性。

😖 地雷 1 室內通風不佳

地基狹長且只有兩端開窗,是最常見的老屋格局,加上都市房屋密集、棟距過近,因此造成兩端雖有開窗,卻無法順利讓空氣順暢對流,室內通風不佳,讓人感到窒悶。

狹長老屋容易面臨通風不佳的狀況。
圖片提供_KC design studio 均漢設計

危機解除這樣做!

1. 安裝全熱交換器強制換氣

老屋原始格局可藉由設計重新規劃,但地理環境是無法改變的問題,因此格局上選擇較為開闊的開放式設計,可減少過多阻礙有利空氣流動,另外搭配安裝全熱交換器,讓有窗卻無法開窗的情形下,仍可強制換氣確保室內空氣流通與品質,而開放格局的規劃,也有助提升全熱交換器使用效率。

2. 加裝抽風機,簡易卻有效改善空氣

若是基地較為狹長的屋型,考量全熱交換器效能無法平均兼顧各個區域,又或者在預算上有限的情況下,可選擇在臥房、衛浴等空間加裝抽風機,利用抽風機強力抽風功能,不只可讓空氣保持流通,也能適度解決濕氣問題。

安裝全熱交換器位置需謹慎考量,應避免管線過長、太過曲折,影響使用效能。
攝影_蔡竺玲 施工示範_今硯室內設計＆今采室內裝修工程

抽風機是改善空氣最經濟有效的選擇。攝影_許嘉芬

😖 地雷 2 噪音惱人

屋況本來就有問題的老屋，最可能因為窗戶過於老舊而失去原本的隔音功能，加上若剛好地理位置鄰近熱鬧街道，不只要忍受長期無法開窗，從窗外傳入的噪音更會造成困擾，讓人無法放鬆生活。

很多老屋的窗戶都沒有隔音，甚至有些還是木窗，即使關上窗戶還是很吵。圖片提供 _KC design studio 均漢設計

🏥 危機解除這樣做！

1. 雙層玻璃阻絕戶外噪音

想根本解決噪音問題，首先可從窗戶下手，老屋窗戶除了全面換新外，要特別注意窗框縫隙，避免縫隙過大讓噪音從縫隙洩入，失去隔音功能，至於噪音問題太過嚴重，可採用隔音效果更好的雙層玻璃鋁窗，以達到隔音效果。

2. 隔音效果最佳的氣密窗

想完全隔絕噪音，一般最常見安裝隔音氣密窗，由於氣密窗主要依賴窗框膠條阻隔空氣流通，避免噪音進入，因此可以有效隔絕噪音，而內部的玻璃亦有單層、雙層兩種做選擇。

雙層玻璃雖隔音效果，但仍要確實做好窗框施工，如此才能達到隔音目的。圖片提供 _KC design studio 均漢設計

窗戶安裝施工要確實，以免發生漏水，或者失去隔音效果。圖片提供 _ 蔡竺玲 施工示範 _ 摩登雅舍

☹地雷 3 水壓不足

老屋常見水壓不足問題，但水壓不足除了因為馬達與樓層問題外，有時也會因為老屋年久失修的老舊水管生鏽或者髒污堵塞，造成給水不正常，進而造成水壓不足問題。

許多老房子都會有水壓不足的現象。
圖片提供 _ 裏心設計

✚ 危機解除這樣做！

1. 更換老舊水管，恢復正常給水

過去老屋大多使用鑄鐵管，長年使用水管生鏽造成水管內部堵塞，給水不順暢，因此將水管全面換新，恢復水管給水正常，如此便可解決水壓問題。

2. 加裝設備輔助，解決水壓問題

若水壓不足並非是水管問題，此時可選擇加裝加壓馬達輔助，如此便可解決水壓不足問題，也讓居家用水恢復正常。

利用加壓馬達，可從一樓送水至頂樓的水塔，不鏽鋼泵體也不用擔心生鏽問題。攝影 _Amily

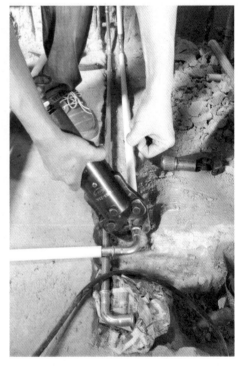

藉由水管全面換新，讓水管給水正常，同時改善水質與水壓問題。攝影 _ 蔡竺玲　施工示範 _ 今硯設計 / 今采工程

▶▶▶ 設備挑選關鍵

設備種類	挑選技巧
氣密窗	1. 注意廠商是否可以提供符合國家標準的測試報告證明書。 2. 檢測氣密窗的的密合性。 3. 窗戶、紗窗是否好推。
全熱交換器	1. 需依照空間坪數大小、人數多寡挑選機型大小。 2. 分為吊隱式、直立式和直吹式，可視空間狀況與需求選擇適合機型。
浴室暖風機	1. 視空間大小選擇瓦特數，1～2坪建議選擇110V、1150W左右的浴室暖風機。 2. 暖風機加熱方式分為鹵素燈與陶瓷燈管兩種，仔細了解優缺點後，再從中選擇適合產品。 3. 暖房與乾燥功能所需熱能大小（也就是瓦特數大小）不同，選擇可依浴室實際現況設定功率大小的多功能設定機種，可避免浪費並省下電費。

▶▶▶ 設備施工注意細節

設備種類	施工細節
氣密窗	1. 檢查窗框是否正常無變形，窗戶送達施作現場時，首先須檢查窗框是否正常、無變形彎曲現象，避免影響安裝品質。 2. 標示水平垂直線，在牆上標示水平、垂直線，以此為定位基準，不同窗框的上下左右應對齊。 3. 以水泥填縫，安裝完成後以水泥填縫，窗框四周處理防水工程，確認無任何縫隙，避免日後漏水問題。
全熱交換器	1. 天花不得低於3米。一般來說，全熱交換器與冷氣一樣，機體與風管皆需藏在天花板裡，若天花板高度低於3米，會因機器厚度和管線等，使天花 2. 板封板後高度更低而造成壓迫感。 安裝位置需事前做好規劃，避免因管線過長或者曲折，降低設備使用效能。
浴室暖風機	1. 產品電壓分為110V和220V，安裝前應先確認浴室使用電壓是否與產品的規格相符合，並另行規劃專用電路。 2. 若安裝位置是使用建築體共通管道，應先確認管道是否「通暢」，否則建議另行規劃獨立排氣管道。 3. 排氣管不可有90度彎曲、多處彎曲或出口邊彎曲，以免造成風量減弱或有異常聲音發生。

Plus!
透天厝、街屋

設備修復大不同

老屋除了會因建築物本身年久失修而有漏水、結構問題外，有時也會因為過去不合宜的格局或者老屋屋型衍生出居住問題，讓空間住起來不舒適。解決方式，除了建築物的更新與重建外，還能藉由現今的設備，克服原始屋況限制，有效改善居住品質。

差別 1.

💔 **噪音問題，形成生活困擾**

位於熱鬧區域的老屋，最容易遇到噪音問題，而室外噪音問題之所以無法被有效的阻隔，通常是因為房子老舊，已經使用了三、四十年的建材也老化無法再維持其功效，因此讓噪音洩入室內，造成居住者的困擾。

有很多老屋沒有陽台設計，因此居住空間與街道過近，來自街道的噪音自然會影響居住品質。圖片提供_裏心設計

解決方法

更換新窗並拉出距離遠離噪音源

噪音洩入室內最根本的做法，就是將窗戶重新更換，除了換上隔音較好的雙層玻璃窗以及氣密窗外，窗框也要重新檢測一下是否需重新立框，避免因窗框縫隙過大，讓噪音洩入室內，失去更換窗戶的意義。另外，老屋大多習慣將原來的陽台拓展成室內空間，又或者是原本就沒有陽台設計，此時居住空間過於鄰近街道，噪音感覺就在身邊，因此可採取將空間內縮，藉由陽台設計拉出適當距離，藉此遠離噪音源。

藉由空間內縮，讓居住空間遠離噪音源，減少噪音困擾。圖片提供_KC design studio 均漢設計

💔 空氣不流通，裝潢再好都不舒適

棟連棟的街屋，最常出現空氣不流通問題，由於這類街屋格局通常只有前後開口，基地形狀又大多以狹長型居多，因此種屋形格局不易，加上開口距離過遠，空氣不容易有良好的循環對流。

狹長型基地，開口位於前後兩端，空氣很難順暢流通。
圖片提供 _KC design studio 均漢設計

開放式格局規劃可讓空氣流通，也有助於營造開闊的空間感。圖片提供 _KC design studio 均漢設計

解決方法

格局重整＋設備，改善老屋空氣品質

只有前後開口的老屋格局，此時除了臥房外，其餘公共區域可採開放式格局規劃，藉由減少隔癇牆，讓空氣可以不受阻礙地在室內流通，若是基地過長，或者位於比較無法開窗的區域，則可選擇安裝全熱交換器，藉由設備強制換氣，改善室內空氣品質。

慎選玻璃、氣密等級，有效隔絕噪音

HOME DATA
建築形式：公寓
屋齡：40 年
坪數：14 坪

超過 40 年的老房子，由於緊鄰菜市場、環境相當吵雜，老舊窗戶卻毫無任何隔音效果，然而屋主工作的關係，白天才是需要休憩的時段，加上對於聲音又較為敏感，於是所有窗戶皆予以更新，並加強氣密窗等級，給予屋主寧靜舒適的生活空間。

✖ 改造前設備問題

1. 毫無隔音功能的舊式窗戶

從未整修過的老公寓住宅，除了舊式木隔間構造之外，其中一間臥房與陽台之間更是老舊的木窗，客廳則是早期的鋁窗結構，完全沒有任何隔音的效果。

老舊的木窗、鋁窗，沒有隔音的功能。圖片提供＿合砌設計

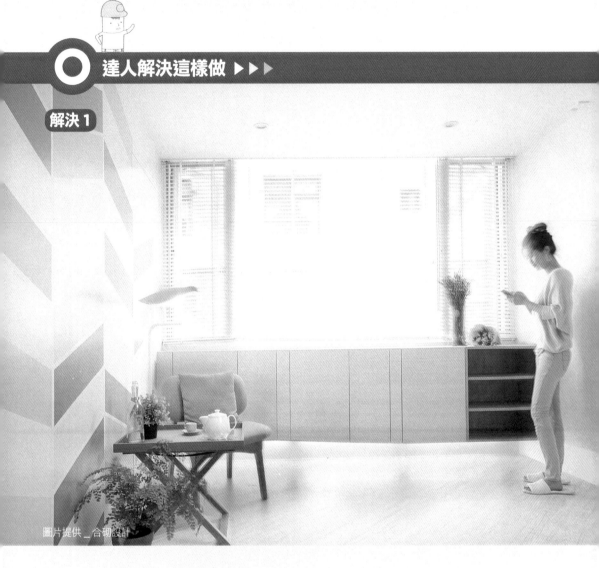

圖片提供 _ 合砌設計

工程手法 ✎ 改變窗型、結合隔音氣密窗創造寧靜

拆除舊有木窗與鋁窗,變更為隔音氣密窗等級,同時特別選擇抽真空雙層玻璃種類,不但隔音性能好,也具有良好的保溫隔熱效果,一方面也將傳統橫拉窗型改為中間固定、左右兩側推射窗,必要時還是可以達到通風透氣的效果。

設計手法 ✎ 繽紛色塊牆面豐富空間表情

以白色為基調的空間,強化光線的穿透明亮度,加上設計師利用柔和且繽紛的躍動色塊創造空間的主題性,也扭轉老房子過去陰暗的缺憾,而這道牆既是沙發牆與主臥牆,更一併整合了通往陽台的門。

活用聰明設備，減緩噪音、改善空氣品質

HOME DATA
建築形式：街屋
屋齡：50 年
坪數：22 坪

由於老屋的格局及地理位置，造成環境不佳，進而減少生活空間的舒適度，因此在無法改變原始屋況前提下，選擇以先進設備做輔助，藉由設備具備功能改善通風等問題，大大提昇居住品質。

❌ 改造前設備問題

1. 鄰近熱鬧街道，噪音問題最難解

雖然位於三樓，但因由於位在熱鬧的馬路邊，且一樓也出租給商家使用，因此噪音問題嚴重，就算不開窗，對於減緩噪音問題也無確切實質幫助。

老屋位在環境吵雜的區域，噪音問題有待改善。圖片提供_裏心設計

2. 通風不佳，室內空氣滯悶

標準只有前後開口的老屋格局，但因棟距過近，因此位在巷弄的後陽台，並不能有效達到將空氣引入室內，讓室內空氣流通功用，而前面開口，又因鄰近街道，無法長時間開窗，導致雖有開窗，但室內空氣卻無法順暢流通。

老房子棟距近，空氣對流差。圖片提供_裏心設計

達人解決這樣做 ▶▶▶

解決 1

圖片提供 _ 裏心設計

工程手法 ✎

空間內退，減緩噪音分貝

為了減緩來自街道的噪音音量，選擇將空間內退，藉由做出前陽台，讓居住空間與街道拉出些許距離，有效阻斷過於直接衝擊的噪音。

設計手法 ✎

減少空間多了光線的寧靜生活

除了將空間內縮，盡量遠離噪音源外，並加裝氣密窗，加強隔音效果；而因為內退讓採光角度改變，因此便可避開過於強烈的陽光，卻又能迎進適量的自然光，讓變得柔和的光線增添居住空間的舒適度。

解決 2

工程手法 ✎ **人工換氣，改善空氣品質**

為了解決室內空氣不流通問題，加裝全熱交換器，利用全熱交換器轉換室內空氣，即便不開窗也能讓室內空氣順暢流通，提升空氣與居住品質。

設計手法 ✎ **讓空氣自在流動的多重設計**

空間格局改變過去實牆隔間做法，將餐廚及客廳整併為一個空間，減少隔牆過多影響空氣流動，並在空間中心處加裝全熱交換器，利用機器強制讓空氣流通，改善過去空氣滯悶問題，另外藉由空間的內縮，可增加屋主開窗機率與時間，讓自然空氣做最有效的空氣轉換。

圖片提供 _ 裏心設計

空間內退、鋁製擴張網，採光與通風重生

HOME DATA
建築形式：街屋
屋齡：50 年
坪數：42 坪

這棟約 50 年屋齡的透天厝，有著一般老屋最常見的採光、格局不佳與空間不流通問題，除此之外，加上位在熱鬧的區域，和其他建築棟距過近，來自街道的噪音，和缺乏隱私問題，都造成屋主困擾。因此除了要解決建築本身的老舊屋況，對於會造成生活困擾的隱私與噪音，也極需設計師協助解決。

改造前設備問題

1. 老屋常見問題，需全面考量一次解決

本案為棟連棟的老舊街屋，屋齡過久，外觀老舊需重建，除此之外，也需考量到傳統的水泥牆會讓室內缺乏採光、空間不流通等問題，因此需尋求可同時解決所有問題的方法。

2. 屋齡老舊，多重問題有待解決

由於屋齡過久，不只外觀結構已太過老舊需重建，只有兩端開口的長形基地，也有空氣無法順暢流通，以及採光不佳問題。

老房子只有前後兩端開口，空氣無法對流。
圖片提供 _KC design studio 均漢設計

解決 1

工程手法 ✎ **輕透材質與空間內縮，解決老屋問題**

考量水泥牆會阻礙通風與採光，因此外觀重建，並採用不易生鏽、輕盈的白色鋁製擴張網為立面，接著原有空間內退約 1 米 8，留出原本沒有的陽台，室內空間雖變少，卻也讓空氣可順暢對流，解決通風不佳問題，至於鋁製擴張網可讓陽光可透入卻不會輕易被外界窺探隱私，巧妙克服傳統街屋型態。

設計手法 ✎ **全白基調營造視覺輕巧**

選用全白建材，不只可賦予老屋全新 、清爽外貌，少見的鋁製擴張網，也型塑出現代感強烈的俐落建築，不只解決結構與採光問題，也成為路上行人目光焦點。

圖片提供 _KC design studio 均漢設計

結合塗料、地暖與流暢動線，老屋溫暖通風不乾燥

HOME DATA
建築形式：公寓
屋齡：40 年
坪數：14 坪

30 多年的狹長型老屋通風不佳、濕氣重，設計師運用火山泥塗料、地暖設備調節空氣濕度之外，也結合前後皆可開放、流通的格局配置，達到良好的空氣循環與提升光線效果。

 改造前設備問題

1. 老屋潮濕陰暗

位於北投的獨棟老屋，狹窄的基地結構、不當的格局配置之下，室內顯得十分陰暗，而且由於通風對流不佳，濕氣也很重。

長型老屋陰暗且通風不佳，室內也非常潮濕。圖片提供＿日作空間設計

圖片提供 _ 日作空間設計

解決 1

工程手法 ✏ 火山泥塗料調節濕度

牆面選用鏝塗可調節濕度、分解異味的火山泥塗料，
一方面也在臥房、浴室裝設地暖設備，也有助於降低
空氣濕度，同時讓年邁屋主下床、沐浴時都能踩踏在
溫暖的地面上。

設計手法 ✏ 流暢無障礙動線增加空氣對流

除了透過材質和設備的選用之外，重新規劃的格局配
置更以訴求提高採光通風為主軸，也因此，長型空間
沒有實牆隔間，透過拉門設計、鏤空櫃體做出區隔，
後院部分則搭配運用霧面採光罩，使光線能恣意流竄，
加上浴室同樣開設兩道入口，還能增加空氣循環對流，
也更彈性提供親友使用。

圖片提供 _ 日作空間設計

氣密大窗結合天井，引入良好日光、通風

HOME DATA
建築形式：公寓
屋齡：40 年
坪數：14 坪

這處 30 年屋齡的狹長型街屋，有著典型因房型過長而造成屋內空氣不流通與光線昏暗問題，透過將前院鐵窗以及後方餐廚旁的天井垂直打通，促使室內空氣有更好的流動，並增加客廳與廚房的採光，輔以綠色植栽的擺放，提高居住空間綠意及遮蔽的隱私性。

✕ 改造前設備問題

舊式加裝鐵窗框的窗台設計，成了阻礙能大量採納自然光進入室內的機會。圖片提供 _ SOAR Design 合風蒼飛設計 × 張育睿建築師事務所

1. 傳統鐵窗設計，噪音大、採光不佳

原有客廳雖已有整面的開窗設計，但由於窗台外都加上了鐵窗，相對遮蔽前院（社區公設花園）景致，且鐵窗框也阻礙大量自然光進入屋內，加上舊式窗戶隔音效果較弱，戶外噪音或風壓干擾也比較明顯。

2. 缺乏對流通風，廚房悶濕、氣味難聞

長型街屋最常見的問題，就是因格局所致的採光與通風不良問題，1樓後端為廚房區域，缺乏通風出口，致使廚房一直都有著悶濕且氣味難聞的情形，加上採光不足，更讓餐廚空間顯得晦暗。

密閉式的1樓廚房位置，在通風採光不良情形下，顯得悶濕晦暗。圖片提供_SOAR Design 合風蒼飛設計 × 張育睿建築師事務所

達人解決這樣做 ▶▶▶

解決 1

圖片提供 _ SOAR Design 合風蒼飛
設計 × 張育睿建築師事務所

工程手法 ✎ **大面開窗陽光足、氣密窗減少噪音**

為了納入更多自然採光到客廳，敲除了客廳原本的舊式窗台與
鐵窗，拉大窗框範圍，並將其外推延伸，同步採用大面的氣密
窗作處理，在保有良好的採光度的同時，還能減少外在噪音或
風壓的干擾。

設計手法 ✎ **大落地窗與外推臥榻，納入窗景與天光**

以整面開窗形式作設計，並延伸出一段臥榻區，少了遮蔽彷若
漂浮在外面的庭院之上，不僅能納入前院景觀，並型塑一個閱
讀及放空的角落，為家人生活場域增添更多連結。

解決 2

工程手法 ✎

增設天井，帶入對流與通風

在餐廚旁打通一道挑高天井，藉此改
善原本狹長格局所造成的採光通風環
境不良的狀況，讓光線與空氣能夠自
然的進入室內，利用熱循環原理促使
熱空氣透過自然對流引導出室外，藉
此改善長屋的用餐環境與景觀。

圖片提供 _ SOAR Design 合風蒼飛設計 × 張育睿建築師事務所

設計手法 ✎ 天井營造室內端景與親子互動

於餐廚旁的挑高天井設計，不僅提供室內良好
的空氣對流，排解廚房悶濕問題，於天井的半
戶外區域種植綠色植栽與小沙坑，增添屋內綠
意景緻外，當女主人煮飯時，孩子可以在一旁
玩耍，家事與照料孩子能得以同時兼顧。

圖片提供 _ SOAR Design 合風蒼飛設計 × 張育睿建築師
事務所

大面透氣觀景窗，引清風綠景入室

HOME DATA
建築形式：公寓
屋齡：40 年
坪數：26 坪

搖搖欲墜的鏤空鐵窗，加上老舊落地窗隔絕對外空氣與光源，與保育山林相臨咫尺的 40 年老公寓住家，非但感受不到戶外的青蔥綠意，只有滿滿的潮濕與陰暗。藉由窗戶、落地鋁門的改動，讓原本模糊不清的住家雙眼重新明亮起來，從視覺到嗅覺感受身處自然的各種美好。

 改造前設備問題

1. 鐵窗生鏽腐朽影響美觀與安全

前陽台是住家最主要的開窗採光位置，但因原本就是鏤空設計，為防雨潑進室內，得在陽台與客廳家加設鋁門落地窗，導致室內重要光源遭阻絕，空氣也更密閉不流通。雪上加霜的是經過四十年風吹雨打，如今不僅鐵欄杆腐朽搖搖欲墜，鋁門窗亦不堪使用。

老鐵窗不僅有安全疑慮，潑雨潮濕更為臨山住家雪上加霜。
圖片提供 _ 六十八室內設計

⊙ 達人解決這樣做 ▶ ▶ ▶

圖片提供 _ 六十八室內設計

新鋁窗框架須確實填滿周圍不留縫隙，並以10cm膨脹螺絲確實固定於建築硬體。圖片提供 _ 六十八室內設計

解決 1

工程手法 ✎ 厚鋁料搭配窗框灌漿不留縫

把原有欄杆與落地鋁門窗直接拆除，保留L型牆面不再增設拉門；欄杆處則選用3米觀景窗搭配左右側推射窗，兼顧觀景與導風入室雙機能，釋放單面開窗最大效益。此外，設計師特別選擇較厚結實的鋁料與8mm玻璃，同時格外注重窗框灌漿、防水填補，力求不留縫隙，從材質到工序上杜絕日後漏水問題。

設計手法 ✎

40 年馬賽克保留建築風韻

四十年老宅除了腐朽與毀壞，同時並存的是歷史的風韻與情懷。架高臥榻與複合活動區間間L型牆面被設計師完整保留下來，除了舊式窗型冷氣開口成了引光入室的置物小窗，牆上鋪貼的細齒棕褐色馬賽克，保留再不復見的老工藝與回憶。

附錄一　本書諮詢設計公司

今硯室內裝修設計工程
臺北市南港區南港路 2 段 202 號
02- 2782-5128

優尼客空間設計
www.facebook.com/unique.design.com.tw
e-mail：Gabriel@unique-design.com.tw

昱承設計
台北市中正區南昌路一段 65 號 4 樓
02-23278957

合砌設計
台北市松山區塔悠路 292 號 3 樓
02-2756-6908

RND Inc. 室內設計事務所
高雄市新興區南台路 43 巷 23 號 3 樓
07-282-1889

磨設計
台北市內湖區成功路 4 段 323 巷 23 號 4 樓
02-2795 – 3116

裏心設計

台北市中正區杭州南路一段 18 巷 8 號 1 樓

02-2341-1722

奇拓設計

台北市大安區復興南路一段 128 號

02-8772-1881

PartiDesign Studio 曾建豪建築師事務所

台北市大安區大安路二段 142 巷 7 號 1F

0988-078-972

力口建築

台北市大安區復興南路 2 段 197 號 3 樓

02-27059983

采金房室內裝修設計股份有限公司

台北市中山區民生東路二段 26 號

(02)25362256

澄橙設計

台北市內湖區港華街 101-2 號 1 樓

02-2659-6906

綠林創意空間設計
新北市中和區南山路 196 號 1 樓
02-8668-0099

川寓室內裝修設計工程有限公司
桃園市中壢區慈惠三街 158 巷 18 號 1 樓
03-4229118、03-4229117

天涵空間設計
台北市大安區仁愛路四段 376 號 6 樓之 9
02-2754-0100

六十八設計
台北市大安區永康街 75 巷 22 號 2 樓
02-2394-8883

日作空間設計
桃園市中壢區龍岡路二段 409 號 1F
03-2841606

KC design studio 均漢設計
台北市松山區八德路四段 106 巷 2 弄 13 號 1 樓
02-2761-1661

摩登雅舍室內設計

台北市文山區忠順街二段 85 巷 29 號

02-2234-7886

大湖森林室內裝修設計

台北市內湖區康寧路三段 56 巷 200 號 電

02-2633-2700

尤噠唯建築師事務所

台北市民生東路五段 137 巷 4 弄 35 號

02- 2762-0125

得比設計

台北市大安區潮州街 114 號

02-2357-9555

SOAR Design 合風蒼飛設計 × 張育睿建築師事務所

台中市南屯區大聖街 415 號

04-2323-1073

伍乘研造

桃園市中壢區中平路 72 號 3 樓

0915325880

國家圖書館出版品預行編目資料

老屋翻修安心寶典【暢銷改版】：破解漏水、管線、結構、設備關鍵痛點，放心住一輩子 / 漂亮家居編輯部作 . -- 二版 . -- 臺北市：城邦文化事業股份有限公司麥浩斯出版：英屬蓋曼群島商家庭傳媒股份有限公司城邦分公司發行 , 2022.03
面 ； 公分 . -- (Solution ; 137)
ISBN 978-986-408-797-6(平裝)

1.CST: 房屋 2.CST: 建築物維修 3.CST: 室內設計

422.9　　　　　　　　　　　　111003054

Solution 137

老屋翻修安心寶典【暢銷改版】
破解漏水、管線、結構、設備關鍵痛點，放心住一輩子

作者	漂亮家居編輯部
責任編輯	許嘉芬
文字編輯	鄭雅分、余佩樺、陳佳歆、李寶怡、高毓霠、許嘉芬
封面設計	莊佳芳
美術設計	鄭若誼、白淑貞、王彥蘋
編輯助理	黃以琳
活動企劃	嚴惠璘

發行人	何飛鵬
總經理	李淑霞
社長	林孟葦
總編輯	張麗寶
副總編輯	楊宜倩
叢書主編	許嘉芬

出版	城邦文化事業股份有限公司 麥浩斯出版
地址	104 台北市民生東路二段 141 號 8F
電話	02-2500-7578
傳真	02-2500-1916
E-mail	cs@myhomelife.com.tw

發行	英屬蓋曼群島商家庭傳媒股份有限公司城邦分公司
地址	104 台北市民生東路二段 141 號 2F
讀者服務電話	02-2500-7397；0800-033-866
讀者服務傳真	02-2578-9337
訂購專線	0800-020-299 (週一至週五上午 09:30 ～ 12:00；下午 13:30 ～ 17:00)
劃撥帳號	1983-3516
戶名	英屬蓋曼群島商家庭傳媒股份有限公司城邦分公司

香港發行	城邦 (香港) 出版集團有限公司
地址	香港灣仔駱克道 193 號東超商業中心 1 樓
電話	852-2508-6231
傳真	852-2578-9337
電子信箱	hkcite@biznetvigator.com

馬新發行	城邦 (馬新) 出版集團 Cite(M) Sdn.Bhd.
地址	41, Jalan Radin Anum, Bandar Baru Sri Petaling,57000 Kuala Lumpur, Malaysia
電話	603-9057-8822
傳真	603-9057-6622

製版	凱林彩印股份有限公司
印刷	凱林彩印股份有限公司
版次	2023 年 12 月二版 2 刷

定價	新台幣 420 元